Nejmeddine Jouda

Modulateur ΣΔ

Nejmeddine Jouda

Modulateur ΣΔ

Modulateur complexe passe-bande à temps continu pour la réception multistandards

Presses Académiques Francophones

Impressum / Mentions légales
Bibliografische Information der Deutschen Nationalbibliothek: Die Deutsche Nationalbibliothek verzeichnet diese Publikation in der Deutschen Nationalbibliografie; detaillierte bibliografische Daten sind im Internet über http://dnb.d-nb.de abrufbar.
Alle in diesem Buch genannten Marken und Produktnamen unterliegen warenzeichen-, marken- oder patentrechtlichem Schutz bzw. sind Warenzeichen oder eingetragene Warenzeichen der jeweiligen Inhaber. Die Wiedergabe von Marken, Produktnamen, Gebrauchsnamen, Handelsnamen, Warenbezeichnungen u.s.w. in diesem Werk berechtigt auch ohne besondere Kennzeichnung nicht zu der Annahme, dass solche Namen im Sinne der Warenzeichen- und Markenschutzgesetzgebung als frei zu betrachten wären und daher von jedermann benutzt werden dürften.

Information bibliographique publiée par la Deutsche Nationalbibliothek: La Deutsche Nationalbibliothek inscrit cette publication à la Deutsche Nationalbibliografie; des données bibliographiques détaillées sont disponibles sur internet à l'adresse http://dnb.d-nb.de.
Toutes marques et noms de produits mentionnés dans ce livre demeurent sous la protection des marques, des marques déposées et des brevets, et sont des marques ou des marques déposées de leurs détenteurs respectifs. L'utilisation des marques, noms de produits, noms communs, noms commerciaux, descriptions de produits, etc, même sans qu'ils soient mentionnés de façon particulière dans ce livre ne signifie en aucune façon que ces noms peuvent être utilisés sans restriction à l'égard de la législation pour la protection des marques et des marques déposées et pourraient donc être utilisés par quiconque.

Coverbild / Photo de couverture: www.ingimage.com

Verlag / Editeur:
Presses Académiques Francophones
ist ein Imprint der / est une marque déposée de
OmniScriptum GmbH & Co. KG
Heinrich-Böcking-Str. 6-8, 66121 Saarbrücken, Deutschland / Allemagne
Email: info@presses-academiques.com

Herstellung: siehe letzte Seite /
Impression: voir la dernière page
ISBN: 978-3-8416-2978-4

Copyright / Droit d'auteur © 2014 OmniScriptum GmbH & Co. KG
Alle Rechte vorbehalten. / Tous droits réservés. Saarbrücken 2014

Résumé et mots clefs

Le travail de recherche que nous présentons dans ce livre s'inscrit dans le domaine de la conception des circuits et systèmes pour la numérisation des signaux radio large bande multistandards. La finalité de ces travaux est l'établissement de nouvelles méthodologies de conception des circuits analogiques et mixtes VLSI, et à faible consommation pour le convertisseur analogique numérique (CAN). Nous proposons l'utilisation d'un CAN de type $\Sigma\Delta$ complexe passe-bande à temps-continu pour l'architecture Low-IF. Ce qui permet de simplifier l'étage analogique en bande de base en esquivant le besoin de circuits tels que le contrôleur de gain automatique, le filtre anti-repliement et les filtres de rejection d'images. Le récepteur est plus linéaire et présente un degré d'intégrabilité adéquat pour les applications multistandards de type Radio logicielle Restreinte (SDR). La première contribution consiste à proposer une méthodologie originale et complètement automatisée de dimensionnement du modulateur $\Sigma\Delta$ pour la réception SDR. Une nouvelle stratégie de stabilisation, basée sur le placement des zéros et des pôles du filtre de boucle, est élaborée permettant ainsi de simplifier le passage du temps-discret vers le temps-continu par une simple correspondance entre les domaines pour les intégrateurs et les résonateurs du filtre de boucle. La deuxième contribution concerne la construction d'une architecture générique du modulateur $\Sigma\Delta$ complexe à temps-continu en suivant une méthodologie originale. Les éléments de base de cette architecture sont les deux modulateurs $\Sigma\Delta$ passe-bas pour les voies I et Q à temps-continu. Les deux filtres de boucles sont en couplage croisé en structure polyphase, ce qui permet le décalage vers la fréquence intermédiaire du récepteur. Nous avons conçu un outil de dimensionnement sous MATLAB pour les modulateurs $\Sigma\Delta$ multistandards stables d'ordre élevés à temps-continu, passe bas, passe-bande réel et complexe. La troisième contribution de ces travaux concerne la proposition d'une méthodologie de conception avancée de circuits mixtes VLSI pour les CANs de type $\Sigma\Delta$. Cette méthodologie de conception permet une combinaison des approches descendante 'Top-down' et montante 'Bottom-up', ce qui rend possible l'analyse des compromis de conception par l'utilisation concurrente des circuits au niveau transistor et des modèles comportementaux. Cette approche permet de faire allier à la fois la précision et la vitesse de processus de simulation lors de la conception des CANs de type $\Sigma\Delta$. La modélisation comportementale du modulateur $\Sigma\Delta$, en utilisant le langage VHDL-AMS, nous a permis de développé une bibliothèque de modèles permettant la prise en compte des imperfections telles que le bruit, le jitter, le retard de boucle au niveau comportemental. Afin d'illustrer la méthodologie de conception proposée, un exemple de la vérification par la simulation mixte est fourni à travers la conception d'un quantificateur en technologie CMOS. L'extraction des paramètres des imperfections du schéma au niveau transistor a permis d'enrichir le modèle comportemental et de prévenir les anomalies causant la dégradation des performances du modulateur $\Sigma\Delta$.

Mots clefs : Radio logicielle, réception multistandard, numérisation de signaux, modulateur $\Sigma\Delta$ complexe, circuits mixtes, modélisation comportementale.

Acronymes et sigles

AGC	Automatic Gain Control
AFE	Analog Front End
BIBO	Bounded Input Bounded Output
CAN	Convertisseur Analogique Numérique
CNA	Convertisseur Numérique Analogique
CIFB	Cascade of Integrator FeedBack
CIFF	Cascade of Integrator FeedForward
CRFB	Cascade of Resonator FeedBack
CRFF	Cascade of Resonator FeedForward
CMOS	Complementary Metal Oxyde Semiconductor
DBE	Digital Back End
DEM	Dynamic Element Matching
DSP	Digital Signal Processing
FB	FeedBack
FF	FeedForward
FOM	Figure of Merit
GSM	Global System for Mobile communications
GNSS	Global Navigation Satellite System
HD	Harmonic Distortion
HZ	Half delay return to Zero
I	In phase
IIT	Impulse Invariant Transform
IM	Image Frequency
IR	Image Rejection
LNA	Low Noise Amplifier
NRZ	Non Return to Zero
NTF	Noise Transfer Function
OFDM	Orthogonal Frequency Division Multiplexing
OSR	Over Sampling Ratio
PA	Power Amplifier
Q	in Quadrature
RF	Radio Frequency
RZ	Return to Zero
SAW	Surface Acoustic Wave
SDR	Software Defined Radio
SFDR	Spurious Free Dynamic Range

SNDR		Signal to Noise and Distortion Ratio
SNR		Signal to Noise Ratio
STF		Signal Transfer Function
SWR		SoftWare Radio
TEB		Taux d'Erreur Binaire
UMTS		Universal Mobile Telecommunication System
USR		Ultimate Software Radio
VCO		Voltage Controlled Oscillator
VHDL-AMS		Very high-speed integrated circuits Hardware Description Language - Analog Mixed Signal
VLSI		Very Large Scale Integration
WiMAX		Worldwide Interoperability for Microwave Access
WLAN		Wireless Local Area Network
WMAN		Wireless Metropolitan Area Network
WPAN		Wireless Personal Area Network
WWAN		Wireless Wide Area Network

Notations et symboles

$\Sigma\Delta$	Sigma Delta
f_{IF}	Fréquence intermédiaire
f_{LO}	Fréquence de l'oscillateur local
S_{RF}	Signal RF
S_{IF}	Signal présent à la sortie du mélangeur
f_{IM}	Fréquence image
$HD2$	Distorsion harmonique d'ordre 2
$HD3$	Distorsion harmonique d'ordre 3
t_{md}	Temps de montée ou de descente de l'horloge
V_{hor}	État haut de l'horloge
Δt	Écart type de la gigue d'horloge
μ_n	Mobilité des électrons
V_{GS}	Tension entre la grille et la source
V_{seuil}	Tension seuil du transistor NMOS
L	Longueur du canal NMOS
C_H	Capacité dans l'échantillonneur bloqueur
$f_{coupure}$	Fréquence de coupure
F_e	Fréquence d'échantillonnage
T_e	Période d'échantillonnage
k	Constante de Boltzmann
T	Température absolue
B_{bruit}	Largeur de bande du bruit
SNR_{min}	Rapport signal sur bruit minimal
ω_n	Fréquence de coupure normalisée
R_s	Atténuation minimale
$Id_1(z)$	Intégrateur retardé
$Id_2(z)$	Intégrateur non retardé
$NTF(z)$	Fonction de transfert du bruit
$STF(z)$	Fonction de transfert du signal
$\hat{H}_{CNA}(s)$	Transformé de Laplace de la réponse impulsionnelle du CNA
L^{-1}	Transformé de Laplace inverse
Z^{-1}	Transformé en Z inverse
$H_{polyphase}(j\omega)$	Fonction de transfert du filtre de boucle en structure polyphase
$H_{Passe-Bas}(j\omega)$	Fonction de transfert du filtre de boucle passe-bas
ω_0	Pulsation de coupure

$H_{PBQ}(z)$	Fonction de transfert passe-bande en quadrature
$H_{CNA}(s)$	Fonction de transfert du CNA de la rétroaction
$\hat{H}_{CNA}(s)$	Fonction de transfert alternative du CNA
IIT	Transformation par invariance impulsionnelle
$H_0(z)$	Fonction de transfert du filtre de boucle associé au signal
$H_1(z)$	Fonction de transfert du filtre de boucle associé à la rétroaction
$H_{0CRFB}(z)$	Fonction de transfert H_0 en configuration CRFB
$H_{1CRFB}(z)$	Fonction de transfert H_1 en configuration CRFB

Table des Matières

Résumé et mots clefs..i
Acronymes et sigles..iii
Notations et symboles...v
Table des matières..vii
Liste des Figures...xi
Liste des tableaux xv

Introduction Générale   **1**

Chapitre 1   **Problématique de la conversion des données pour la réception multistandard**   **5**

    1.1. Introduction...5
    1.2. Problématique de la réception multistandard...6
        1.2.1. Radio Logicielle...6
        1.2.2. Radio Logicielle Restreinte..8
    1.3. Architectures candidates pour la réception multistandard.......................10
        1.3.1. Architecture de réception superhétérodyne................................10
        1.3.2. Architecture de réception à échantillonnage RF.........................12
        1.3.3. Architecture de réception homodyne..16
        1.3.4. Architecture de réception Low-IF...18
        1.3.5. Analyse des architectures conventionnelles pour la réception SDR multistandard..19
        1.3.6. Architecture de réception Low-IF améliorée...............................22
    1.4. Numérisation des signaux dans un contexte multistandard......................24
        1.4.1. Signaux bloqueurs...25
        1.4.2. Interférence due à l'échantillonnage Nyquist..............................26
        1.4.3. Contraintes technologiques de réalisation..................................27
        1.4.4. Spécification du récepteur multistandard pour le modulateur $\Sigma\Delta$...........29
    1.5. Conclusion...29

Chapitre 2   **Dimensionnement du modulateur $\Sigma\Delta$ complexe passe-bande à temps-continu**   **31**

    2.1 Introduction 31
    2.2 Les concepts de base...32

2.3 Les choix conceptuels pour le modulateur ΣΔ 34
    2.3.1 Quantification: Mono-bit ou multi-bit 34
    2.3.2 Boucle de rétroaction: simple ou cascadée 34
    2.3.3 Filtre de boucle: à temps-continu ou à temps-discret 35
    2.3.4 Modulateur: réel ou complexe 37
2.4 Construction d'une architecture générique d'un modulateur ΣΔ complexe à temps-continu 38
    2.4.1 Construction d'un modulateur ΣΔ réel d'ordre élevé à temps-discret 38
        2.4.1.1 Choix de l'ordre 39
        2.4.1.2 Synthèse de la fonction de transfert de mise en forme du bruit 39
        2.4.1.3 Respect des contraintes de causalité du système 40
        2.4.1.4 Choix de l'architecture d'implémentation 41
        2.4.1.5 Respect des contraintes de stabilité 44
        2.4.1.6 Vérification des performances du modulateur ΣΔ en termes de dynamique 45
    2.4.2 Construction d'un modulateur ΣΔ réel d'ordre élevé à temps-continu....46
        2.4.2.1 Passage du temps-discret vers temps-continu 47
        2.4.2.2 Modulateur ΣΔ passe-bas à temps-continu 50
    2.4.3 Construction d'un modulateur ΣΔ complexe 51
        2.4.3.1 Filtre de boucle en structure polyphase 52
        2.4.3.2 Fonction de mise en forme du bruit complexe 53
        2.4.3.3 CNA de rétroaction complexe 53
    2.4.4 Architecture générique d'un modulateur ΣΔ complexe d'ordre élevé à temps-continu 55
2.5 Dimensionnement du modulateur ΣΔ complexe pour le récepteur multistandard 57
    2.5.1 Dimensionnement de la fonction NTF en quadrature 59
    2.5.2 Dimensionnement de la fonction STF en quadrature 61
    2.5.3 Illustration du dimensionnement multistandard 62
2.6 Conclusion 66

Chapitre 3 Conception du Modulateur ΣΔ avec la méthode descendante 'Top-down'   69

3.1 Introduction 69
3.2 Approches traditionnelles pour la conception des circuits mixtes 70
    3.2.1 La conception ascendante 'Bottom-Up' 70
    3.2.2 Migration vers la conception descendante 'Top-Down' 71
3.3 Méthodologie de conception descendante 'Top-Down' 73
3.4 Conception descendante du modulateur ΣΔ 76
    3.4.1 Modélisation comportementale du modulateur ΣΔ en quadrature et à temps-continu 77
        3.4.1.1 Générateur d'horloge 78
        3.4.1.2 Quantificateur 78
        3.4.1.3 CNA avec non-retour à zéro 79
        3.4.1.4 Simulation au niveau système 80
    3.4.2 Modélisation des effets de non-linéarités 82
        3.4.2.1 Excès de retard dans la boucle 82
        3.4.2.2 Effet de jitter 85
3.5 Conclusion 88

Chapitre 4   Conception du comparateur pour la vérification par la simulation mixte   **89**

    4.1   Introduction 89
    4.2   Caractéristiques d'un comparateur...90
        4.2.1   Caractéristiques statiques..90
        4.2.2   Caractéristiques dynamiques...92
    4.3   Conception du comparateur au niveau transistor................................94
        4.3.1   Comparateur CMOS..96
        4.3.2   Amélioration des performances du comparateur en boucle ouverte.......97
    4.4   Comparateur à performances élevées...99
        4.4.1   Étage de pré-amplification...100
        4.4.2   Circuit de décision...101
        4.4.3   Étage de sortie...103
        4.4.4   Caractérisation du comparateur...105
        4.4.5   Choix du comparateur pour le modulateur $\Sigma\Delta$....................................107
    4.5   Étage d'échantillonnage..109
    4.6   Vérification par la simulation mixte...112
    4.7   Conclusion...113

Conclusion Générale   **115**

Annexe A   Traitement des signaux complexes   **119**

Annexe B   Dimensionnement du récepteur Low-IF multistandard   **131**

Annexe C   Architecture d'implémentation du modulateur $\Sigma\Delta$ d'ordre élevé   **137**

Références   **145**

Liste des Figures

Figure 1.1:	Récepteur Radio Logicielle	7
Figure 1.2:	Architecture pragmatique d'un récepteur de type SDR	9
Figure 1.3:	Récepteur superhétérodyne à transposition de fréquence unique	11
Figure 1.4:	Récepteur superhétérodyne à double transposition de fréquence	12
Figure 1.5:	Architecture de récepteur à échantillonnage RF	13
Figure 1.6:	Circuit d'échantillonnage blocage	14
Figure 1.7:	Récepteur Homodyne	17
Figure 1.8:	Récepteur Low-IF (rejection d'image par la méthode de Weaver)	19
Figure 1.9:	Architecture proposée pour le récepteur Low-IF amélioré	23
Figure 1.10:	Chevauchement des signaux indésirables dans la bande utile due à l'échantillonnage Nyquist	26
Figure 1.11:	Compromis et limites des performances des convertisseurs	28
Figure 2.1:	Architecture d'un CAN de type Sigma-Delta	32
Figure 2.2:	Le modèle linéaire du modulateur $\Sigma\Delta$	33
Figure 2.3:	Configuration en cascade du modulateur $\Sigma\Delta$ en boucle cascadée	35
Figure 2.4:	Modulateur $\Sigma\Delta$: (a) temps-continu, (b) temps-discret	36
Figure 2.5:	Prototype passe-haut de la fonction NTF de $5^{\text{ième}}$ ordre	41
Figure 2.6:	Structure CRFF d'un modulateur $\Sigma\Delta$ passe-bas d'ordre n	42
Figure 2.7:	Structure CRFB d'un modulateur $\Sigma\Delta$ passe-bas d'ordre n	43
Figure 2.8:	Organigramme de la méthodologie de dimensionnement à temps-discret	46
Figure 2.9:	Modulateur $\Sigma\Delta$ (a) à temps-discret, (b) à temps-continu	47
Figure 2.10:	Boucle ouverte du modulateur $\Sigma\Delta$ (a) à temps-discret, (b) à temps-continu	48
Figure 2.11:	Architecture CRFB pour un modulateur $\Sigma\Delta$ passe-bas à temps-continu d'ordre n impair	50
Figure 2.12:	Stratégie de passage du temps-discret au temps-continu	51
Figure 2.13:	(a) Filtre polyphase obtenu par couplage croisé double, (b) déplacement de fréquence	52
Figure 2.14:	Topologie d'un modulateur $\Sigma\Delta$: (a) réel, (b) complexe	53
Figure 2.15:	Implémentation de $\hat{H}_{CNA}(s)$	55
Figure 2.16:	Organigramme de la construction de l'architecture d'un modulateur $\Sigma\Delta$ complexe à temps-continu	56
Figure 2.17:	Architecture CRFB générique d'un modulateur $\Sigma\Delta$ en quadrature d'ordre n	57

Figure 2.18:   Structure générale d'un modulateur ΣΔ mono-étage...................................58
Figure 2.19:   Prototype NTF passe-bas: (a) placement des Pôles/zéros, (b) gabarit de la fonction NTF...59
Figure 2.20:   La fonction NTF complexe: (a) placement des Pôles/zéros, (b) gabarit de la fonction NTF complexe...60
Figure 2.21:   La fonction STF complexe: (a) placement des Pôles/zéros, (b) gabarit de la fonction STF complexe...62
Figure 2.22:   Organigramme du dimensionnement des fonctions NTF et STF..............63
Figure 2.23:   (a) Spectre de la sortie du modulateur ΣΔ PBQ à temps-continu, (b) agrandissement de la bande utile..64
Figure 2.24:   Spectre de la sortie du modulateur ΣΔ complexe avec 6 raies d'entrées pour (a) une STF plate, (b) un dimensionnement différenciée de la fonction STF..64
Figure 2.25:   Réjection d'image du modulateur ΣΔ PBQ à temps-continu pour (a) une fonction STF plate, (b) un dimensionnement différenciée de la fonction STF..65
Figure 2.26:   (a) Tracé du SNR, (b) Mesure de la distorsion d'intermodulation avec des signaux d'entrée de -6 dBFS...66

Figure 3.1:   Méthodologie de conception descendante 'Top-down'........................74
Figure 3.2:   Structure de modulateur ΣΔ en quadrature d'ordre 5 avec la structure CRFB..77
Figure 3.3:   Sortie de générateur d'horloge avec des largeurs de front montant/descendant (a) nul, (b) non nul 78
Figure 3.4:   Quantificateur composé d'un comparateur et d'une D-Latch 79
Figure 3.5:   Sortie du comparateur pour un seuil de comparaison nul 79
Figure 3.6:   Sortie de la bascule D-Latch 80
Figure 3.7:   Sortie du CNA NRZ avec des largeurs de front non nul 80
Figure 3.8:   Les signaux d'entrées I et Q et le train binaire à la sortie des voies I et Q...81
Figure 3.9:   (a) Spectre de sortie du modulateur ΣΔ en quadrature et à temps-continu. (b) vue élargie de la bande utile du spectre donné en (a).......................82
Figure 3.10:   Excès de retard dans la boucle pour un CNA NRZ 83
Figure 3.11:   Effet de l'excès de retard dans la boucle sur le spectre de sortie du modulateur ΣΔ..83
Figure 3.12:   Dégradation du SNR en fonction de l'excès de retard dans la boucle.....84
Figure 3.13:   Horloge (a) idéale, (b) avec effet de jitter ajouté 85
Figure 3.14:   Effet de jitter sur le spectre de sortie du modulateur ΣΔ.....................86
Figure 3.15:   Dégradation du SNR en fonction du jitter 86

Figure 4.1:   Symbole du comparateur 90
Figure 4.2:   Caractéristique de transfert idéale du comparateur 91
Figure 4.3:   Caractéristique de transfert du comparateur avec gain fini 91
Figure 4.4:   Caractéristique de transfert du comparateur comprenant la tension d'offset d'entrée 92
Figure 4.5:   Effet du bruit sur le comparateur 93
Figure 4.6:   Temps de retard de propagation d'un comparateur non-inverseur 94
Figure 4.7:   AOP utilisé en mode comparateur 95
Figure 4.8:   Augmentation de la commande capacitive du comparateur en boucle ouverte 97

Figure 4.9:	(a) Réponse temporelle du comparateur sans et avec amélioration, Zoom sur (b) la monté et (c) la descente..98	
Figure 4.10:	Réponse (a) DC (b) AC et (c) temporelle du comparateur.....................99	
Figure 4.11:	Schéma fonctionnel du comparateur..100	
Figure 4.12:	Étage de pré-amplification du comparateur 101	
Figure 4.13:	Caractéristique de transfert du comparateur avec hystérésis.................102	
Figure 4.14:	Circuit de décision avec rétroaction positive 102	
Figure 4.15:	Amplificateur différentiel auto-polarisé utilisé comme étage de sortie du comparateur 105	
Figure 4.16:	Utilisation de large MOSFET, M19, pour décaler le niveau de sortie du circuit de décision 105	
Figure 4.17:	Schéma complet du comparateur..106	
Figure 4.18:	Réponse (a) DC et (b) AC du comparateur..107	
Figure 4.19:	(a) Réponse temporelle du comparateur, vue élargie (b) de la monté et (c) de la descente..107	
Figure 4.20:	(a) Bascule D à verrouillage. (b)Réalisation à l'aide d'une bascule RS 109	
Figure 4.21:	Schéma d'une porte AND..110	
Figure 4.22:	Schéma d'une porte NOR..110	
Figure 4.23:	Mode de fonctionnement de la bascule D-Latch...................................111	
Figure 4.24:	(a) Spectre de sortie du modulateur $\Sigma\Delta$ avec une simulation mixte, (b) vue élargie de la bande utile du spectre donné en (a)..........................112	

Liste des Tableaux

Tableau 1.1 : Spécification des standards GSM/UMTS/Bluetooth/WiMAX pour le récepteur Low-IF..24

Tableau 1.2 : Spécification du récepteur pour le modulateur $\Sigma\Delta$...............................29

Tableau 2.1 : Correspondance entre temps-discret et temps-continu des intégrateurs....50

Tableau 2.2 : Coefficient a_i et g_i de l'architecture CRFB...61

Tableau 2.3 : Coefficient b_i de l'architecture CRFB..62

Tableau 2.4 : Principales performance du modulateur $\Sigma\Delta$...66

Tableau 4.1 : Résumé des performances des deux comparateurs.................................108

Introduction générale

La communication sans fil est l'un des domaines les plus dynamiques dans le domaine de la communication d'aujourd'hui. Bien qu'il ait été un sujet d'étude depuis les années 1960, la décennie écoulée a vu une forte augmentation des activités de recherche dans ce domaine. Cela est dû à la conjonction de plusieurs facteurs. D'abord, il y a eu une forte augmentation de la demande pour une connectivité moins filaire, poussée jusqu'ici principalement par la téléphonie cellulaire, mais prévue pour être bientôt éclipsée par les applications de données. En second lieu, le progrès spectaculaire de la technologie VLSI (Very Large Scale Integration) a permis des implémentations de faible consommation de puissance et de surface réduite pour les algorithmes sophistiqués de traitement du signal et pour les techniques de codage. De plus, le succès de la deuxième génération (2G) des standards radio numériques, fournit une démonstration concrète que les bons concepts de la théorie de la communication peuvent avoir un impact significatif dans la pratique. L'idée de base de la recherche dans la décennie passée a mené à un ensemble beaucoup plus riche de perspectives et d'outils sur la façon de communiquer sur les canaux radio, et la scène est encore en évolution.

De nombreuses technologies évoluent donc en permanence, changeant le monde des télécommunications. On distingue quatre catégories principales de réseaux sans fils, les réseaux étendus sans fils (WWAN, Wireless Wide Area Network), les réseaux métropolitains sans fils (WMAN, Wireless Metropolitan Area Network), les réseaux locaux sans fils (WLAN, Wireless Local Area Network) et les réseaux sans fils personnels (WPAN, Wireless Personal Area Network).

Certes, une seule norme ne peut pas satisfaire tous les besoins. De ce fait, la volonté d'avoir un fonctionnement multistandard occupe une place importante dans les travaux de recherche sur les communications radio. C'est dans ce cadre que s'inscrivent les nouveaux travaux de recherche concernant le développement d'un nouveau concept de réception multistandard de type Radio Logicielle. La Radio Logicielle (SWR, SoftWare Radio) est un concept qui propose une nouvelle technologie radio permettant la réalisation de terminaux et d'infrastructure de stations de base radio-numérique capables de supporter, indépendamment du matériel, un fonctionnement flexible, multiservice, multistandard, multibande, reconfigurable et reprogrammable par logiciel.

Pour la Radio Logicielle idéale, le processus de la numérisation des données se produit immédiatement après l'antenne dans la chaîne de réception. Le convertisseur des données échantillonne le signal radiofréquence (RF, Radio Frequency), ce qui permet au processus de transposition de fréquence d'être réalisé entièrement dans le domaine numérique. Comme toutes les tâches de sélection de canal doivent être assurées numériquement, le convertisseur analogique numérique (CAN) doit traiter toute la bande de réception pour laquelle le terminal est conçu. Ce CAN est soit irréalisable, soit trop gourmand en terme de consommation de puissance, ce qui est incompatible avec le contexte de la mobilité.

Un nouveau concept, dit radio logicielle restreinte (SDR, Software Defined Radio), a été alors introduit par la communauté scientifique. Ce concept se base sur la numérisation précoce du signal radio afin de diminuer l'utilisation de circuits analogiques. Quelques fonctions analogiques de l'étage RF subsistent, comme le filtrage, l'amplification faible bruit, et la transposition de fréquences. Ces fonctions sont paramétrables ce qui permet d'avoir deux propriétés très importantes pour la radio SDR: la reconfiguration partielle du matériel et la portabilité totale du logiciel.

Le CAN est l'élément clé de la SDR, l'emplacement de ce composant détermine la répartition de l'implémentation analogique et numérique des différents étages du récepteur. Plusieurs techniques de conversion analogique numérique existent dans la littérature, notamment les CANs Nyquist (pipeline, flash, approximation successive) et les CANs sur-échantillonné $\Sigma\Delta$ (Sigma Delta). Les performances actuelles des CANs Nyquist ne permettent pas de satisfaire à la fois les spécifications en termes de fréquences d'échantillonnage, résolution et de consommation de puissance. L'architecture $\Sigma\Delta$ est la plus attractive vu les grandes résolutions qu'elle peut atteindre. Ceci permet d'éviter l'utilisation d'un amplificateur à gain variable dans l'étage en bande de base. De plus, grâce à la fréquence d'échantillonnage élevée, le processus de sélection des canaux est rendu numérique et donc reconfigurable. Un autre atout consiste à utiliser une version à temps-continu du CAN de type $\Sigma\Delta$, ce qui lui permet d'avoir un anti-repliement intrinsèque évitant ainsi l'utilisation d'un filtre anti-repliement externe. Pour la réception SDR multistandard, ces trois résultats sont très importants avec la possibilité d'une conversion complexe passe-bande offerte par l'utilisation de filtre en structure polyphase dans la boucle de mise en forme du bruit du CAN de type $\Sigma\Delta$.

L'objectif de ce travail de recherche est d'établir une méthodologie de conception du modulateur $\Sigma\Delta$ passe-bande complexe à temps-continu stable et à haute résolution pour un récepteur multistandard SDR avec une approche de conception descendante 'Top-down'. Pour cela, nous avons scindé ce manuscrit en quatre chapitres reflétant nos contributions sur la conception du modulateur $\Sigma\Delta$ tant au niveau système que circuit.

La première phase de notre travail, décrite dans le premier chapitre de ce mémoire, consiste à étudier les différentes architectures de réception candidates à la réception multistandard de type SDR. De cette étude, l'architecture Low-IF est parue comme la plus intéressante pour une intégration monolithique en CMOS. Nous proposons des améliorations sur l'architecture Low-IF en intégrant la fonction de rejection d'image et des interférents dans l'étage de numérisation. Nous suggérons l'utilisation d'un CAN de type $\Sigma\Delta$ complexe passe-bande à temps-continu qui est taillé pour cette architecture. Ce CAN renferme un modulateur d'ordre élevé stable à temps-continu et un étage de décimation. Ce choix permet d'éliminer quelques étages analogiques tels que l'amplificateur à gain variable (AGC, Automatic Gain Control), le filtre anti-repliement et le filtre de rejection d'image pour obtenir un récepteur plus compact, plus linéaire et plus adéquat aux applications multistandards. Nous illustrons le caractère multistandard du récepteur à travers le dimensionnement de quatre standards, GSM (Global System for Mobile communications), Bluetooth, UMTS (Universal Mobile Telecommunication System) et WiMAX (Worldwide Interoperability for Microwave Access) qui s'étendent sur des largeurs de canal de 200 kHz à 20 MHz et sont reçus sur des bandes de 800 MHz jusqu'à 6 GHz. Nous présentons une étude de la numérisation des signaux radio dans un contexte multistandard qui permet de dégager les principaux compromis régissant la conception du CAN et de dresser ces différentes spécifications.

Lors de la deuxième phase, correspondant au second chapitre, nous présentons une méthodologie originale de dimensionnement du modulateur $\Sigma\Delta$ complexe passe-bande à temps-continu d'ordre élevé et stable. Cette stratégie repose sur un placement astucieux des zéros et des pôles permettant d'assurer la stabilité du modulateur ΣΔ et de jouer le rôle d'un filtre complexe de rejection d'image et des interférents. Un passage simple pour la transformation du temps-discret au temps-continu est proposé rendant ainsi la méthodologie de conception complètement automatisée. Un prototype de modulateur ΣΔ de cinquième ordre est synthétisé, il affiche des performances qui satisfont les spécifications du contexte SDR multistandard pour les nomes GSM, UMTS, Bluetooth et WiMAX.

Dans la troisième phase de ce travail de recherche, nous traitons la problématique de la conception des circuits mixtes. Les différentes approches de conception sont discutées. L'approche de conception descendante 'Top-Down' est ainsi adoptée. L'illustration de la méthodologie de conception est donnée à travers la modélisation comportementale du modulateur ΣΔ et de ses imperfections en utilisant le langage de description matérielle VHDL-AMS (Very high-speed integrated circuits Hardware Description Language - Analog Mixed Signal). L'originalité de ce travail consiste en la construction d'une bibliothèque de modèles comportementaux écrits en VHDL-AMS pour le modulateur ΣΔ complexe passe-bande à temps-continu, en tenant compte des différentes imperfections régissant son fonctionnement.

Lors de la quatrième phase de ce travail de recherche, nous proposons la conception du quantificateur au niveau transistor pour l'étape de la vérification par la simulation mixte. Le quantificateur est constitué d'un comparateur et d'un étage décision basé sur une bascule D-Latch. Une caractérisation des comparateurs nous permettra de dégager les métriques du comparateur. Le fonctionnement du comparateur est vérifié en remplaçant son modèle comportemental par son schéma au niveau transistor dans le contexte du système global, ce qui permet de dégager ainsi les anomalies de cet étage causant la dégradation des performances du modulateur ΣΔ.

CHAPITRE 1

Problématique de la conversion des données pour la Réception Multistandard

1.1 Introduction

La présence de multiples interfaces radio et la grande variété de services posent le problème d'offrir aux usagers un accès transparent et universel. Cet accès aux services se doit de répondre aux différentes exigences de qualité de service même en situation de mobilité d'un pays à un autre. La Radio Logicielle est un moyen de rendre plus flexible l'accès aux services: les terminaux doivent être capables de se reconfigurer par logiciel afin de supporter plusieurs standards et plusieurs types de services.

Les principales limitations face à l'implantation en tout logiciel se situent au niveau des étages radio qui comportent encore des circuits RF analogiques non reconfigurables. La communauté scientifique a alors proposé de cibler la SDR qui consiste au rapprochement maximal du CAN de l'antenne du récepteur dans la mesure du possible tout en conservant l'objectif multistandard. Le concept de la SDR vise à atteindre des architectures d'émetteurs/récepteurs reconfigurables, flexibles et multiservices pour remplacer la multitude de circuits radio empilés dans les terminaux mobiles actuels.

Dans ce chapitre nous traitons de la problématique de la conversion des données pour une réception multistandard afin de dégager une architecture de réception adaptée aux contraintes technologiques. Tout d'abord, une étude de la problématique de la réception multistandard est menée. La définition des concepts et de l'étendue de la SWR ainsi que ceux de la SDR sont discutées. Ensuite, une étude comparative pour choisir l'architecture de réception multistandard convenable pour réaliser la SDR est menée. Après cette synthèse, le choix de l'architecture Low-IF comme solution de réception multistandard sera justifiée à travers les améliorations adoptées. Enfin, la numérisation des signaux radio dans un contexte multistandard est traitée.

1.2 Problématique de la réception multistandard

1.2.1 Radio Logicielle

Le terme *Radio Logicielle* a été défini par Joseph Mitola en 1991 pour la proposition d'une nouvelle technologie radio permettant la réalisation des terminaux et d'infrastructure des stations de base radio capable de supporter, indépendamment du matériel, un fonctionnement multiservice et reconfigurable à distance [1]. Le forum de la Radio Logicielle définit la Radio Logicielle ultime (USR, Ultimate Software Radio) comme une radio qui accepte le trafic entièrement programmable, le contrôle des informations et supporte une large gamme de fréquences, des interfaces radio, et des logiciels d'application [2]. L'utilisateur peut passer d'une interface radio à une autre en quelques millisecondes, utiliser les systèmes de localisation mondiaux (GNSS, Global Navigation System) pour l'emplacement, stocker l'argent en utilisant la technologie de carte à puce, regarder une station d'émission locale ou recevoir une transmission par satellite.

La définition exacte de la Radio Logicielle est controversée, et il n'existe aucun consensus sur le niveau de la reconfiguration requis pour qualifier une radio comme Radio Logicielle. Une radio qui inclut un calculateur ou un processeur de traitement du signal (DSP, Digital Signal Processing) ne se qualifie pas nécessairement comme Radio Logicielle. Cependant, une radio

1.2 Problématique de la réception multistandard

qui configure dans le logiciel sa technique de modulation, la correction des erreurs, les processus de chiffrage, présente un contrôle de l'interface RF, et surtout programmable est clairement une Radio Logicielle. Le degré de reconfigurabilité est largement déterminé par une interaction complexe entre un certain nombre de paramètres communs dans la conception radio, y compris les systèmes d'ingénierie, les technologies d'antenne, l'électronique intégrée RF, le traitement en bande de base, la reconfigurabilité du matériel, et la gestion de la consommation de puissance.

La fonctionnalité des architectures radio conventionnelles est généralement déterminée principalement par le matériel avec un minimum de configuration par logiciel. Le matériel se compose d'amplificateurs, de filtres, de mélangeurs (souvent plusieurs étages), et d'oscillateurs. Le logiciel est utilisé pour contrôler l'interface avec le réseau, l'adressage et le contrôle d'erreur. Puisque le matériel domine la conception, la mise à niveau d'une conception radio conventionnelle signifie essentiellement l'abandon complet de l'ancienne conception. Dans la mise à niveau d'une conception Radio Logicielle, la grande majorité du nouveau contenu est logiciel et le reste n'est qu'une reconfiguration des paramètres et des architectures des composants matériels. En bref, la Radio Logicielle représente un passage de paradigme des radios fixes et matériels intensifs à la radio multi-bande, multi-mode, dépendant principalement du logiciel.

La figure 1.1 représente l'architecture idéale d'une Radio Logicielle. La conversion analogique numérique s'effectue tout de suite après l'antenne, le filtre RF et l'étage d'amplification faible bruit (LNA, Low Noise Amplifier).

Figure 1.1 :
Récepteur Radio
Logicielle.

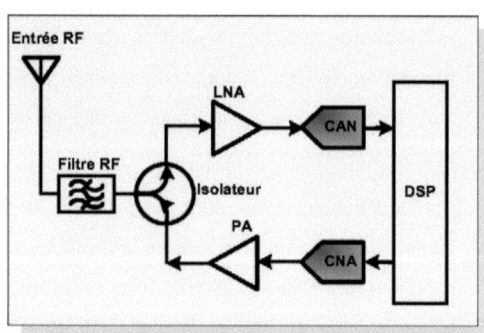

L'architecture est de toute évidence entièrement reprogrammable, car le DSP est directement relié au convertisseur délivrant le signal RF numérisé.

1.2.2 Radio Logicielle Restreinte

L'architecture de la figure 1.1 a été définie comme idéale parce qu'il y a plusieurs points qui font, qu'à l'heure actuelle, elle est loin d'être réalisable. Tout d'abord, il n'est pas raisonnable d'utiliser un seul étage RF pour un système multi-bande dû à l'impossibilité de construire des antennes et des filtres RF sur une largeur de bande s'étendant d'une centaine de mégahertz à une dizaine de gigahertz. De plus, les problèmes de linéarité de l'amplificateur de puissance (PA, Power Amplifier) constituent un handicap pour cette architecture. Réellement, la seule manière de garantir le dispositif multi-bande sera d'avoir plusieurs étages RF, selon la bande radio utilisée pour le système de radio logicielle.

En supposant qu'il soit possible de concevoir des composants analogiques qui traitent de tels signaux RF, tout le traitement numérique du signal RF n'aura de sens que si les signaux peuvent être numérisés. Ainsi, le CAN est l'élément clé pour la Radio Logicielle [3]. Il est bien évident que le CAN dans le récepteur Radio Logicielle doit répondre à des spécifications très sévères. En effet, numériser la bande de fréquence de 800 MHz à 5.5 GHz exige un CAN de résolution 12 bits à une fréquence de 11 GS/s [4]. Non seulement ce CAN est irréalisable de nos jours, mais il le restera à l'avenir parce que les technologies de conversion sont connues pour une progression à un rythme beaucoup plus lent que la loi de Moore [4]. Même si la conception d'un tel CAN est possible, sa consommation de puissance pourrait atteindre des centaines de watts. En extrapolant les courbes de Walden [4], le CAN à 12 GHz/12-bit dissipera 500 W, ce qui est incompatible avec le contexte de mobilité.

Conscient des contraintes associées au CAN, l'idée d'une radio qui a besoin d'un CAN à l'antenne a perdu de sa crédibilité auprès des concepteurs de circuits intégrés.

La conclusion est que l'architecture idéale de la Radio Logicielle de la figure 1.1, numérisant la largeur de bande de tous les services supportés par le terminal, n'est pas réalisable dans un avenir proche. Par conséquent, de nombreux travaux se sont orientés vers une technologie sous optimale. Il s'agit

1.2 Problématique de la réception multistandard

de la Radio Logicielle Restreinte.

D'une façon générale, les architectures de la Radio Logicielle Restreinte répondent toutes au schéma de la figure 1.2. Dans cette architecture pragmatique il y a deux parties séparées par le CAN : la première (AFE, Analog Front End) qui reste analogique, car non réalisable actuellement en numérique et la seconde (DBE, Digital Back End) numérique qui réalise certaines anciennes fonctions analogiques.

L'interface analogique (AFE) est généralement composée par les éléments suivants :

- Antenne (réception et émission des signaux radio)
- Filtre RF (réduction des niveaux des bloqueurs et des interférents)
- Amplificateur (adaptation des niveaux des signaux aux entrées des circuits)
- Mélangeur (transposition de fréquence)

L'idée de base pour rendre possible la SDR est d'étendre les méthodes de traitement numérique le plus proche de l'antenne afin de faciliter la reconfiguration et donc l'aspect générique, voire universel [5]. L'étage numérique (DBE) est alors la partie du système ou le traitement numérique remplace les traitements analogiques. Son rôle est de réaliser l'interface entre le CAN qui numérise la bande et les circuits numériques qui vont traiter un canal particulier. Nous pouvons discerner les trois fonctions essentielles de l'étage numérique:

- Transposition en quadrature : convertir les signaux réels numérisés par le CAN en signaux complexes le plus souvent en bande de base
- Adaptation des fréquences d'échantillonnage et des débits entre l'entrée (numérisation de la bande système) et la sortie (fréquence

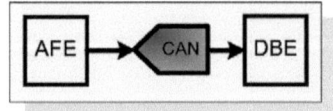

Figure 1.2 :
Architecture pragmatique d'un récepteur de type SDR.

9

chip ou symbole)

- Sélection du canal ou des canaux utiles dans la bande système

L'existence ou les spécifications de ces trois fonctions essentielles dépendent des choix d'architecture de réception et des standards considérés.

1.3 Architectures candidates pour la réception multistandard

Dans ce paragraphe, nous présentons brièvement la topologie conventionnelle du récepteur hétérodyne ainsi que les architectures de réception à échantillonnage RF, homodyne et Low-IF, et nous discutons de leurs avantages et inconvénients. Pour chaque architecture particulière du récepteur, il existe une architecture correspondante d'émetteur avec essentiellement les mêmes composants. Ici, nous nous concentrons uniquement sur les structures de réception. L'objectif de ce paragraphe est d'analyser les architectures conventionnelles de réception afin de choisir la meilleure topologie pour le récepteur SDR multistandard.

1.3.1 Architecture de réception superhétérodyne

Le récepteur superhétérodyne, inventé par Armstrong (1916) [6], est actuellement le plus utilisé. Son grand succès s'explique essentiellement par le fait que cette architecture offre les meilleures performances en termes de sélectivité et de sensibilité. La topologie simplifiée d'un récepteur superhétérodyne est représentée dans la figure 1.3. Nous voyons apparaître les fonctions suivantes : filtrage, amplification, transposition de fréquences, conversion analogique numérique et traitement numérique du signal.

À la sortie de l'antenne, le signal RF est filtré par un premier filtre passe-bande (filtre RF) chargé de sélectionner toute la bande de réception. Ensuite, il attaque l'amplificateur (LNA) présentant les qualités suivantes:

- Un faible facteur du bruit (compris entre 2 et 3 dB) afin d'obtenir un facteur du bruit global du récepteur relativement bas,
- Un gain assez élevé (de l'ordre de 10 à 20 dB) pour masquer le bruit des étages suivants, mais pas trop fort pour éviter de trop amplifier les résidus des interférents.

1.3 Architecture candidates pour la réception multistandard

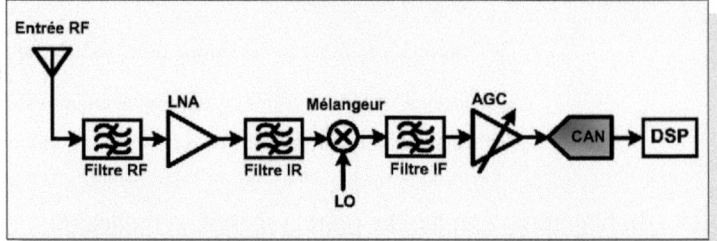

FIGURE 1.3 :
Récepteur
superhétérodyne
à transposition
de fréquence
unique.

Le principe de la réception superhétérodyne consiste à transposer le signal radio utile autour d'une fréquence fixe appelée fréquence intermédiaire f_{IF} (IF, Intermediate Frequency). Cette transposition de fréquence est réalisée par multiplication du signal radio avec le signal issu d'un oscillateur local (LO, Local Oscillator) dénommé hétérodyne et de fréquence f_{LO}. Désignons par $S_{RF}(t)$ le signal RF à l'entrée du récepteur et $S_{IF}(t)$ le signal présent à la sortie du mélangeur définie par (1.1) et (1.2).

$$S_{RF}(t) = A\cos(2\pi f_{RF} t) \tag{1.1}$$

$$S_{IF}(t) = \frac{A}{2}\cos(2\pi(f_{RF} - f_{LO})t) + \frac{A}{2}\cos(2\pi(f_{RF} + f_{LO})t) \tag{1.2}$$

Par filtrage (filtre IF), seul le premier terme de $S_{IF}(t)$ est conservé, le second terme est éliminé. La fréquence intermédiaire f_{IF} est égale à $|f_{RF} - f_{LO}|$. Malheureusement, un signal différent du signal RF peut être ramené à la fréquence intermédiaire : il s'agit du signal image. En effet, les signaux centrés autour de la fréquence $f_{IM} = |f_{RF} - 2f_{IF}|$, appelée fréquence image (IM, Image Frequency), seront aussi transposés à la fréquence IF. Ces signaux peuvent être des sources de distorsion et ils doivent être fortement atténués. C'est pourquoi, juste avant le mélangeur, nous utilisons un filtre passe-bande appelé filtre à réjection d'image (IR, Image Rejection), dont l'utilité est d'éliminer les signaux présents à la fréquence image [6].

Afin d'éviter des contraintes trop fortes sur les spécifications du filtre IR, il est préférable de choisir une fréquence f_{IF} grande. Cependant, comme le filtre IF se trouvant juste après le mélangeur doit être capable de filtrer le canal utile parmi des canaux adjacents très proches, la fréquence f_{IF} doit être très petite pour avoir des spécifications raisonnables sur ce dernier filtre. Cette contradiction montre bien que le choix de la fréquence intermédiaire n'est pas trivial. En outre, ce choix est important puisqu'il détermine les performances en sensibilité et en sélectivité du récepteur. En pratique, l'architecture superhétérodyne à double transposition de fréquences est la plus utilisée.

Dans cette architecture le signal est transposé successivement à une première fréquence intermédiaire élevée puis à une seconde fréquence intermédiaire basse. Étant donné que le second mélangeur effectue généralement une transposition en bande de base, une décomposition en phase (I, In phase) et en quadrature (Q, in Quadrature) du signal s'avère nécessaire pour ne pas perdre l'information. La figure 1.4 représente le schéma du récepteur superhétérodyne à double transposition. Par un choix approprié de la fréquence intermédiaire et des filtres, l'architecture superhétérodyne est considérée comme intéressante en termes de sélectivité et de sensibilité. Un amplificateur (AGC) est nécessaire pour réduire les contraintes en termes de dynamique sur le CAN. Cependant, cette architecture présente une certaine pénalité de coût en vue d'intégration des composants externes. Les filtres passe-bande externes exigés pour la réjection d'image et la sélection du canal utile augmentent la consommation de puissance ainsi que la taille du récepteur. Ils sont donc encombrants et dégradent le facteur du bruit de la chaîne en générant des pertes d'insertion entre les étages qu'ils côtoient. La non-reconfiguration de ces filtres externes et discrets rend cette architecture inadaptée pour le contexte multistandard.

1.3.2 Architecture de réception à échantillonnage RF

Un récepteur à échantillonnage RF traite le signal analogique à temps discret au voisinage de l'antenne. Ce récepteur est similaire au récepteur Radio Logicielle idéale grâce au rapprochement de l'opération d'échantillonnage de l'antenne [7]. L'une des différences entre ces deux architectures est l'emplacement du traitement du signal à temps discret. Dans l'architecture Radio Logicielle idéale,

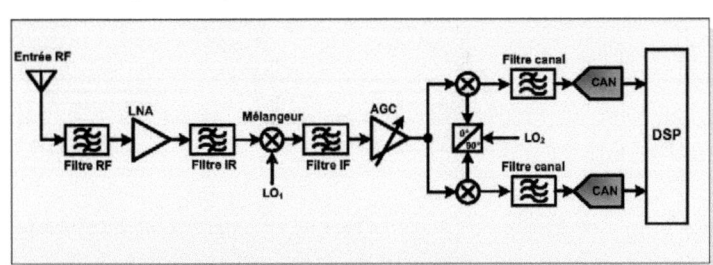

Figure 1.4 : Récepteur superhétérodyne à double transposition de fréquence.

1.3 Architecture candidates pour la réception multistandard

le traitement du signal à temps discret est effectué dans le domaine numérique, alors que dans le récepteur à échantillonnage, comme le montre la figure 1.5, une partie du traitement du signal à temps discret est effectué dans le domaine analogique précédant la conversion A/N. Tout d'abord, un signal analogique est reçu par l'antenne. Après le filtrage RF et l'amplification par le LNA, ce signal est échantillonné et traité en temps discret. Puis, il est quantifié par le CAN et finalement traité par le DSP.

Le récepteur à échantillonnage RF diffère de l'architecture de réception hétérodyne en plusieurs aspects. Le mélangeur est remplacé par un circuit échantillonneur bloqueur et les filtres IF par une cascade d'étages de l'échantillonnage en utilisant un filtrage analogique à temps discret. L'échantillonnage du signal d'entrée à une fréquence inférieure à la fréquence d'entrée (la décimation) correspond à une opération de mélange. Le signal est ensuite filtré pour sélectionner le canal voulu parmi les signaux interférents. Cette opération est effectuée par des étages successifs de filtres passe-bande et d'une décimation de la fréquence d'échantillonnage [8]. L'opération de décimation peut être combinée à une opération de calcul de moyenne, ce qui permet un filtrage passe-bas du signal. Cette opération, réalisée avant le CAN, joue le rôle d'un filtrage anti-repliement. La décimation permet aussi de diminuer les contraintes sur la fréquence d'échantillonnage du CAN.

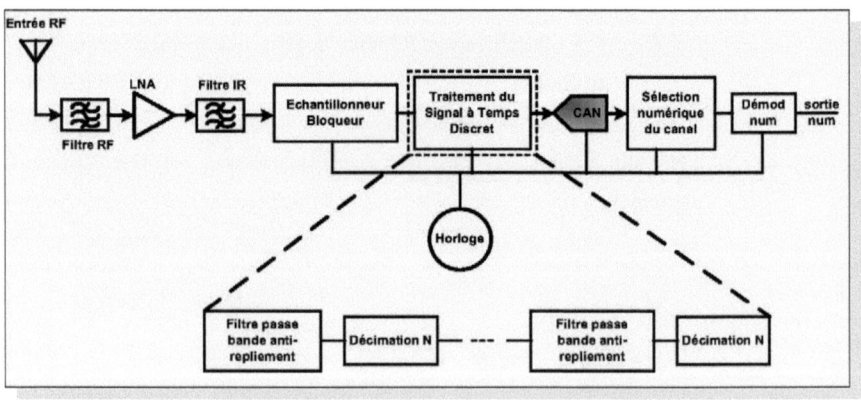

Figure 1.5 : Architecture de récepteur à échantillonnage RF.

Le traitement du signal à temps discret permet donc de réaliser l'échantillonnage, la transposition, le filtrage et la décimation [9]. Ainsi, les contraintes sur le CAN seront allégées. La consommation de puissance du CAN peut être réduite à un niveau raisonnable pour les terminaux mobiles. Une moindre dissipation de puissance est liée à la réduction du taux d'échantillonnage et de la dynamique du CAN. L'architecture de réception à échantillonnage RF à filtres analogiques à temps discret optimise donc la flexibilité du récepteur, car elle est caractérisée par une faible densité en composants discrets par rapport à l'architecture classique hétérodyne.

Malgré tous les avantages cités de cette architecture, elle présente plusieurs inconvénients qui proviennent essentiellement de l'échantillonneur bloqueur qui est considéré comme l'élément crucial de cette architecture. Il est donc nécessaire de connaître les problèmes liés à son fonctionnement. Dans la suite, nous allons détailler les problèmes liés à ce composant ainsi que les autres limitations de cette architecture.

Un circuit échantillonneur bloqueur convertit un signal analogique à temps continu en un signal à temps discret. Il a deux phases d'échantillonnage et de blocage qui sont répétées périodiquement. Pendant la phase d'échantillonnage, la sortie du circuit copie le signal entrant, alors que pendant la période de blocage, le signal d'entrée est bloqué jusqu'à la prochaine phase d'échantillonnage. Un tel circuit est constitué d'un commutateur S et d'une capacité C_H comme le montre la figure 1.6 [10].

Un transistor MOS (Metal Oxyde Semiconductor) est utilisé comme interrupteur avec deux états stables : un état passant et un état bloqué. Pendant l'état passant, la résistance Ron du commutateur MOS doit être faible pour

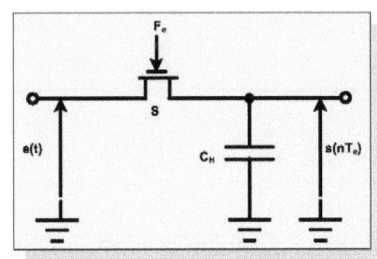

Figure 1.6 :
Circuit
d'échantillonnage
blocage.

permettre au courant de passer entre la source et le drain. Pendant l'état bloqué ou repos, la résistance du commutateur MOS doit être très grande afin d'isoler le drain de la source. La commutation entre l'état passant et celui de repos est contrôlée par la grille du transistor MOS. En utilisant un commutateur MOS dans le circuit échantillonneur bloqueur, l'état passant correspond au mode échantillonnage et l'état de repos à celui de blocage.

Dans l'échantillonnage rapide, il y a plusieurs imperfections qui limitent les performances de ce circuit. Tout d'abord, l'injection de charge dans la capacité, les temps de montée et de descente de l'horloge et la résistance R_{on} limitent le choix de la fréquence d'entrée et produisent des distorsions harmoniques du second et troisième ordre $HD2$ et $HD3$ données dans l'équation (1.3) [11].

$$HD2 = \frac{A}{4}\left(\frac{2\pi f t_{md}}{V_{hor}}\right) \text{ et } HD3 = \frac{3A^2}{32}\left(\frac{2\pi f t_{md}}{V_{hor}}\right)^2 \qquad (1.3)$$

où A et f sont respectivement l'amplitude et la fréquence du signal d'entrée supposé sinusoïdal, t_{md} est le temps de montée ou de descente de l'horloge et V_{hor} est l'état haut de l'horloge.

Ensuite, la gigue d'horloge augmente le niveau du bruit dans le spectre du signal échantillonné et limite ainsi le rapport signal sur bruit à la valeur donné dans (1.4) [12].

$$SNR = -20\log_{10}(2\pi f \Delta t) \qquad (1.4)$$

où Δt est l'écart type de la gigue d'horloge qui caractérise l'effet aléatoire de l'instant d'échantillonnage.

En outre, un transistor NMOS (canal N) est caractérisé par sa fréquence de coupure donnée dans l'équation (1.5) [10].

$$f_{Coupure} \approx \frac{3\mu_n(V_{GS} - V_{seuil})}{4\pi L^2} \qquad (1.5)$$

où μ_n est la mobilité des électrons, V_{GS} la tension entre la grille et la source, V_{seuil} la tension seuil du transistor NMOS et L la longueur du canal NMOS.

La fréquence de coupure $f_{coupure}$, est alors inversement proportionnelle au carré de la longueur du canal, donc elle dépend fortement du développement de la technologie MOS.

En plus du problème de la limitation de la technologie MOS, une autre contrainte s'ajoute à l'architecture de réception à échantillonnage RF. En effet, dans les circuits à capacités commutées, un commutateur génère un bruit thermique large bande. Si le bruit direct est échantillonné à la fréquence $F_e = 1/T_e$, il existera nécessairement un repliement du bruit. La densité spectrale de puissance du bruit après repliement spectral suite à l'échantillonnage en considérant une représentation classique, s'exprime selon (1.6) [12].

$$S_{rep} = 2.2n.2KTR_{on} = 2.\frac{2B_{bruit}}{F_e}2KTR_{on} = 2.\frac{4KTR_{on}}{4R_{on}C_H F_e} = \frac{2KT}{C_H F_e} \quad (1.6)$$

avec k la constante de Boltzman (1.38 10^{-23} W/°K.Hz), T la température absolue en °K, et B_{bruit} la largeur de bande du bruit en Hz.

D'après cette expression, afin de minimiser le repliement du bruit thermique, la fréquence d'échantillonnage doit être la plus grande possible. La difficulté de génération d'un signal d'horloge rapide complique en plus la réalisation du récepteur à échantillonnage RF.

À cause de ces bruits, l'utilisation d'une architecture à échantillonnage RF s'avère très complexe pour un récepteur multistandard. De nouveaux travaux essayent d'ajouter de nouveaux procédés tels que le 'charge sampling' pour résoudre ces problèmes [13]. Pour ces raisons, nous n'allons pas considérer ce type d'architecture lors de la discussion des architectures candidates à la réception SDR multistandard.

1.3.3 Architecture de réception homodyne

Cette architecture permet de transposer la bande de réception directement en bande de base [6]. Cette topologie, montrée dans la figure 1.7, utilise un filtre passe-bas (FPB) en bande de base pour supprimer les interférents adjacents et sélectionner le canal utile. La fréquence de l'oscillateur local f_{LO} est la même que celle de la porteuse radio f_{RF} ainsi, la fréquence intermédiaire f_{IF} est nulle. La réception à transposition directe présente des avantages indéniables.

L'oscillateur local ayant la même fréquence que la porteuse du signal, le signal image est le signal utile lui-même. Nous pouvons ainsi éviter l'utilisation

1.3 Architecture candidates pour la réception multistandard

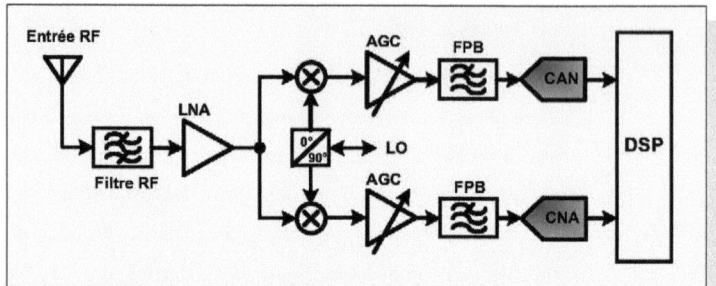

FIGURE 1.7 : Récepteur Homodyne.

du filtre de réjection d'image. La transposition du signal directement en bande de base permet d'éliminer les étages intermédiaires. La simplicité de la structure facilite l'intégration monolithique [14]. Toutefois, le problème de la fréquence image n'est pas totalement résolu, car la transposition se faisant par rapport à la fréquence centrale du canal, le spectre à gauche de la fréquence centrale se superpose à celui de droite, devenant indissociables. Nous pouvons résoudre ce problème en séparant les composantes en phase (I) et en quadrature (Q) du signal utile. La transposition du signal se fait à l'aide d'un mélangeur dans chaque voie, les oscillateurs sont à la même fréquence dans les deux voies, mais déphasés de $\pi/2$.

En outre, parmi les autres avantages du récepteur homodyne, nous pouvons citer l'absence des filtres IR non intégrables et encombrants qui enlève la condition sur le LNA de conduire une basse impédance de charge. Les fonctions de sélection du canal et d'amplification suivantes sont remplacées par le filtrage passe-bas et l'amplification en bande de base, favorables à l'intégration monolithique.

L'inconvénient majeur de cette architecture est la génération d'une tension continue de décalage, appelée aussi DC-offset, causée par des fuites provenant de l'oscillateur local et du LNA. Ce problème devient d'autant plus critique que cette offset varie avec le temps. En effet, lorsqu'une fuite provenant de l'oscillateur local arrive jusqu'à l'antenne, elle est émise par celle-ci à un environnement extérieur qui va à son tour la réfléchir vers l'antenne. Il est difficile dans ces conditions de distinguer le signal utile de l'offset variant avec le temps [15]. Différentes solutions matérielles et logicielles ont été étudiées pour s'affranchir de la composante continue indésirable, notamment par des algorithmes de compensation introduits dans le processeur en bande de base (DSP) [16].

Le deuxième inconvénient de cette architecture est lié à l'existence de deux branches en quadrature. Cet inconvénient est présent dans toutes les architectures à deux branches et provient d'un appariement imprécis entre les deux voies. Il se traduit par une erreur de gain et de phase qui va déformer la constellation du signal augmentant alors le taux d'erreur binaire (TEB) [17][18]. À la différence du récepteur hétérodyne, dans le récepteur homodyne le passage à deux voies I et Q se fait juste après le LNA, l'erreur d'appariement se propageant et s'amplifiant tout au long des voies [19]. Ce qui explique que la tolérance pour l'erreur de gain et de phase dans une telle architecture est plus contraignante.

Le troisième problème de l'architecture homodyne concerne le niveau du bruit. En effet, le gain du LNA et du mélangeur n'excédant pas généralement les 30 dB, le signal utile présente une puissance relativement comparable à celle du bruit des étages suivants. En particulier le bruit $1/f$ (Flicker noise) en technologie CMOS du mélangeur et de l'AGC et du filtre du canal peut corrompre le signal utile, ce qui impose un gain plus conséquent de l'étage RF de cette architecture [17] [18].

1.3.4 Architecture de réception Low-IF

Le principe des topologies Low-IF est de combiner les avantages des récepteurs hétérodynes et homodynes [6]. De la même manière que pour la transposition directe, le principe de fonctionnement de ce récepteur consiste à ramener le signal directement en bande de base. Sauf que la transposition du signal se fait autour d'une fréquence intermédiaire très faible, de l'ordre d'une ou deux fois la largeur du canal (figure 1.8).

L'architecture de réception Low-IF consiste à transposer le signal RF autour d'une fréquence intermédiaire faible, de façon à éviter les problèmes du DC-offset et du bruit en $1/f$ liés au récepteur homodyne sans pour autant revenir aux inconvénients d'intégrabilité du récepteur superhétérodyne. Par contre, à cause de cette faible valeur de la fréquence f_{IF}, le signal image se trouvant dans la bande de réception ne peut être filtré à la fréquence RF. Pour éliminer les

1.3 Architecture candidates pour la réception multistandard

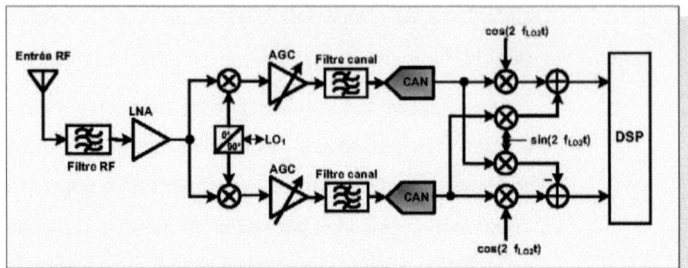

FIGURE 1.8 :
Récepteur Low-IF
(rejection d'image
par la méthode de
Weaver).

signaux images, il est recommandé d'utiliser les méthodes de rejection en fréquences IF, à savoir la méthode de Hartley et celle de Weaver [6]. Le principe consiste d'appliquer au signal utile et à son image deux traitements différents, déphasés de $\pi/2$ permettant l'élimination du signal image. Ceci est possible puisque les deux signaux sont présents sur les deux voies I et Q. Le déphasage de $\pi/2$ est réalisé par des filtres passifs pour la méthode de Hartley et par un second mélange en quadrature pour la méthode de Weaver (Figure 1.8).

Le problème majeur des méthodes de Hartley et de Weaver provient de l'appariement imprécis entre les deux voies I et Q en gain et/ou en phase. Ce qui implique une élimination non complète du signal image [20].

La conversion analogique numérique est réalisée autour de la fréquence intermédiaire, et l'anti-repliement est assuré par un filtre passe-bas. Le choix de la fréquence IF influe sur les performances de ces deux derniers composants. Par rapport à l'architecture superhétérodyne, l'architecture Low-IF permet de réduire le nombre d'étages intermédiaires. Par rapport à l'architecture homodyne, elle permet d'éliminer la composante continue indésirable, car le signal n'est plus centré autour de la fréquence nulle. Cependant, le problème de la fréquence image refait surface.

1.3.5 Analyse des architectures conventionnelles pour la réception SDR multistandard

Le choix de l'architecture SDR multistandard doit assurer les critères de forte intégration, de minimisation du coût et de faible consommation de puissance tout en respectant les spécifications des standards. Afin de discuter de la réception multistandard, nous considérons les standards suivants : GSM,

Bluetooth, UMTS et WiMAX. L'architecture superhétérodyne, malgré la maîtrise du processus technologique et la simplicité de sa méthode de réjection d'image, présente plusieurs inconvénients : sa complexité, son coût élevé et son faible niveau d'intégrabilité. Les filtres RF et IF en technologie SAW (Surface Acoustic Wave) ainsi que les composants passifs utilisés pénalisent cette architecture.

Une première contrainte pour l'architecture de réception multistandard concerne la nécessité d'utiliser plusieurs filtres RF externes. Le standard GSM nécessite un filtre RF de type SAW, tandis que le standard UMTS nécessite un duplexeur pour avoir une connexion simultanée en émission et réception au canal radio. Ceci implique que le LNA doit disposer de plusieurs entrées. Une solution possible couvrant tous les standards consiste à avoir une section RF à bande multiple contrôlable par un commutateur en technologie AsGa [21], [22].

Une transposition de fréquence à un seul étage semble la plus appropriée pour un récepteur intégré. L'utilisation d'une architecture homodyne permet de diminuer considérablement la consommation de puissance et le coût du récepteur en éliminant les filtres externes. Cependant, l'utilisation de cette architecture risque de dégrader le rapport signal à bruit à cause du bruit en *1/f* (Flicker noise) de la technologie CMOS et du DC-offset. C'est le standard GSM qui est le plus contraignant vu la faible largeur de son canal utile (200 kHz) et son exigence en termes de linéarité sur le LNA (IIP2=49 dBm) et du bruit de phase sur l'oscillateur local (-141dBc/Hz@3MHz) [23]. Pour le standard UMTS, l'architecture homodyne implique l'utilisation d'un filtre passe-haut en bande de base ayant une fréquence de rejection de 50 kHz. De plus, les spécifications en termes de linéarité (IIP2=12dBm et IIP3=60dBm) pour le mélangeur sont trop sévères pour éviter l'ajout d'un filtre SAW entre le LNA et le mélangeur [24][25]. Pour le standard WiMAX, la modulation OFDM (Orthogonal Frequency Division Multiplexing) exige un faible facteur du bruit (7.5 dB) et un bon SNR pour une large bande (20 MHz). Les problèmes du DC-offset et du bruit *1/f* de l'architecture homodyne sont accentués par la précision de l'oscillateur cristal (20 ppm) causant l'apparition des raies de 240 kHz trop proches de la première sous-porteuse [26]. Pour le standard WiMAX l'utilisation d'un filtre passe-haut s'avère nécessaire en bande de base [27].

1.3 Architecture candidates pour la réception multistandard

L'architecture Low-IF offre de réelles potentialités grâce à sa simplicité et à son haut niveau d'intégration. En effet, l'utilisation d'une architecture Low-IF permet de s'affranchir des problèmes du bruit en bande de base tout en assurant une forte intégration en technologie CMOS [20]. En outre, la consommation de puissance ainsi que le coût d'une telle architecture sont réduits par rapport à des technologies SiGe, BiCMOS et bipolaire utilisées pour certains composants de l'architecture homodyne. Cependant, l'architecture Low-IF présente des contraintes plus sévères pour la rejection d'image. En effet, pour l'architecture homodyne le signal image est le signal utile lui-même. Par contre, pour l'architecture Low-IF, le signal image est un interférent ayant une puissance plus importante. Généralement, une augmentation maximale de 30 dB est envisageable pour la rejection d'image pour une architecture Low-IF par rapport à une architecture homodyne. Pour le standard GSM la rejection d'image passe, de 40 dB à 70 dB pour l'architecture Low-IF, par contre, pour le standard WiMAX seulement 1 dB est ajouté. Les performances du mélange RF en quadrature peuvent atteindre ces performances [23]. Cependant, un effort sur la rejection du signal image en fréquences IF doit être fait pour assurer les spécifications requises.

De la discussion des architectures de réception, nous notons que l'architecture de réception Low-IF est la meilleure architecture candidate pour accomplir les principaux objectifs de la SDR. Toutefois, les contraintes du récepteur ayant une telle architecture reposent sur la conversion A/N et la rejection d'image. En effet, pour cette architecture de réception bien particulière, le CAN doit avoir une grande dynamique et doit être capable de traiter des signaux à large bande. De plus, plus la fréquence intermédiaire est faible, c'est-à-dire qu'elle s'approche de la fréquence nulle, plus la bande image est difficile à rejeter. Dès lors, il s'avère plus judicieux de chercher les modifications nécessaires à apporter sur cette architecture pour bénéficier de ses multiples avantages tout en évitant ces inconvénients. Donc, dans ce qui suit, nous allons décrire les optimisations que nous avons adoptées pour augmenter le niveau d'intégrabilité de ce récepteur tout en spécifiant la nouvelle méthode de rejection d'image mixte que nous définirons à l'étage de numérisation (CAN) et qui permet de pallier au problème de la rejection d'image.

1.3.6 Architecture de réception Low-IF améliorée

Le premier point à souligner pour l'amélioration de l'architecture Low-IF est l'utilisation d'un modulateur $\Sigma\Delta$ à temps-continu dans la chaîne de réception. Ceci permet de combler le besoin d'un filtre anti-repliement puisque le filtre de boucle à temps-continu du modulateur $\Sigma\Delta$, utilisé avant d'effectuer l'échantillonnage du signal reçu, peut jouer implicitement le rôle d'un filtre anti-repliement. En effet, le filtre de boucle réalise des intégrations sur le signal bloqué pendant une période par le CNA de retour de type NRZ. Ceci est l'équivalent d'une convolution temporelle du signal avec une fenêtre rectangulaire. Spectralement, ce traitement se traduit par une multiplication du spectre du signal replié par un sinus cardinal (transformé de Fourrier de la fenêtre rectangulaire). Les zéros du sinus cardinal étant alignés sur des fréquences multiples de la fréquence d'échantillonnage, le repliement du spectre sera atténué et l'anti-repliement est ainsi garanti [28].

Grâce à la méthodologie de dimensionnement des modulateurs $\Sigma\Delta$ d'ordres élevés qui sera présentée dans le chapitre suivant, le modulateur $\Sigma\Delta$ pourra assurer la numérisation des signaux à forte dynamique. La seconde amélioration consiste ainsi à éliminer les étages d'amplification à gain contrôlable (AGC) analogiques puisqu'une réduction de la dynamique n'est plus nécessaire. Ceci réduit de manière significative la complexité de conception et la consommation de puissance de la partie analogique. Dans un contexte pareil, le filtrage du canal et la transposition en bande de base auront lieu dans le domaine numérique pour les avantages qu'ils présentent en termes de flexibilité de changement des normes et de faible consommation de puissance [29].

Malheureusement, cette architecture reste sensible aux erreurs d'appariement entre les voies I et Q et présente aussi des contraintes sévères au niveau de la conception du filtre à réjection d'image. Pour résoudre ce problème, nous proposons une nouvelle fonctionnalité effectuée au niveau de la conversion analogique numérique : nous introduirons des améliorations dans le modulateur qui accomplira la tâche de réjection d'image. Ces améliorations reposent sur un placement stratégique des zéros de la fonction STF [30]. En effet, au lieu d'utiliser les méthodes classiques du traitement réel du signal image (Hartley et Weaver) sur chaque voie I et Q, nous privilégierons les méthodes du traitement

1.3 Architecture candidates pour la réception multistandard

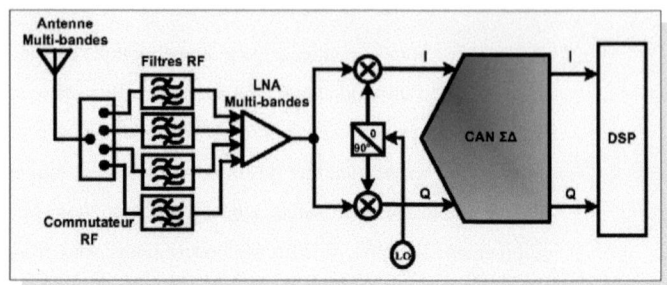

FIGURE 1.9 :
Architecture
proposée pour le
récepteur Low-IF
amélioré.

complexe. Ceci permettra d'éviter l'utilisation de deux modulateurs $\Sigma\Delta$ réels passe-bande, plus gourmands en termes de consommation de puissance qu'un seul modulateur $\Sigma\Delta$ complexe passe-bande [31]. De plus, le pouvoir de rejection de la modulation $\Sigma\Delta$ complexe est deux fois plus important que la version réelle puisque seules les fréquences positives seront concernées pour la mise en forme du bruit.

L'architecture de récepteur ainsi améliorée est montrée dans la figure 1.9. Dans cette architecture, nous employons un modulateur $\Sigma\Delta$ complexe passe-bande à temps-continu qui élimine le besoin de filtre d'anti-repliement imposé avec le modulateur à temps-discret, et qui possède une immunité accrue aux interférents. Par conséquent, la dynamique d'entrée du CAN peut être adaptée directement au canal utile éliminant ainsi le besoin d'un AGC. Ceci permet un meilleur compromis puissance/performance pour le récepteur. De surcroît, la fonction de réjection d'image intégrée dans l'étage de numérisation élèvera le niveau d'intégrabilité du récepteur en minimisant le nombre de composants utilisés ainsi qu'en réduisant la complexité de conception de ces derniers [32].

Donc, la chaîne de réception envisagée comportera uniquement des filtres RF [33], un amplificateur de faible bruit multi-bandes [34], un oscillateur local multistandard [35-36] et un mélangeur en quadrature (voir annexe A) [37] avant d'attaquer le convertisseur analogique numérique $\Sigma\Delta$ complexe passe-bande à temps-continu.

Pour faire apparaître le caractère multistandard du récepteur choisi, nous avons dégagé les spécifications pour quatre standards de communications couramment employés (tableau 1.1). Les standards considérés sont le GSM [38],

TABLEAU 1.1 :
Spécification des standards GSM/UMTS/Blueto oth/WiMAX pour le récepteur Low-IF.

Standard	GSM	Bluetooth	UMTS	WiMAX
Largeur du canal utile (MHz)	0.2	1	3.84	Variable 1.5 - 20
Figure de bruit (dB)	9.8	23	9	11.59
Rejection d'intermodulation (dB)	59	46	64.4	60
Point d'interception d'ordre 3 (dBm)	-19.5	-16	-13.8	-10

l'UMTS [39], le Bluetooth [40-41] pour les communications à courte portée et le WiMAX [42]. Les standards choisis accordent des largeurs de canaux de 200 kHz à 20 MHz et qui sont reçus avec des fréquences porteuses allant de 800 MHz à presque 6 GHz.

La technique de conversion choisie pour le récepteur Low-IF amélioré est de type $\Sigma\Delta$ complexe et à temps-continu. Afin de dresser les spécifications de ce CAN, la numérisation des signaux dans un contexte multistandard est présentée dans le paragraphe suivant pour dégager les différents compromis de conception pour un CAN multistandard.

1.4 Numérisation des signaux dans un contexte multistandard

Le choix du convertisseur analogique numérique est l'une des étapes les plus critiques de la conception d'un récepteur multistandard [43]. Dans de nombreux cas, le CAN sera le facteur déterminant en terme de performance lors de la conception globale de la radio. En effet, le convertisseur de données présente un grand impact sur la consommation de puissance, la plage dynamique, la bande passante, et le coût total. Dans la suite, nous allons discuter la numérisation des signaux dans un contexte multistandard afin de dégager les principaux compromis régissant la conception des CANs.

1.4.1 Signaux bloqueurs

Dans un récepteur à large bande, les porteuses reçues sont souvent caractérisées avec une grande différence de niveaux de puissance. C'est cette différence qui affecte les performances requises des CANs à large bande. Par exemple, considérons le cas pratique où deux porteuses sont reçues par un CAN large

1.4 Numérisation des signaux dans un contexte multistandard

bande, et considérons l'une comme signal bloqueur (en raison de son très grand niveau de puissance) et l'autre comme signal désiré. Notons P_B la puissance du signal bloqueur et P_W la puissance du signal désiré tel que $P_B \gg P_W$. Afin de se conformer aux caractéristiques du standard GSM, le récepteur doit pouvoir distinguer un signal bloqueur avec une puissance allant jusqu'à environ 85 dB au-dessus de la puissance de signal utile (c.-à-d., $P_B = P_W + 85$ dB, où les deux signaux sont distants de 0.8 MHz à 1.6 MHz correspondant à 8 canaux GSM). Le SFDR (Spurious Free Dynamic Range) est une importante mesure de performance utilisée dans les récepteurs large bande. Le SFDR est défini comme le rapport entre la puissance du signal utile et la puissance crête du plus grand signal parasite dans le spectre de sortie du CAN. Il indique la capacité du CAN à détecter avec précision un faible niveau de signal dans un environnement avec de fortes interférences. Un récepteur avec une valeur spécifique du SFDR est capable de détecter un signal faible et fort dont les niveaux de puissance ne diffèrent pas de plus que du SFDR spécifique. Notons que le SFDR est différent du rapport signal sur bruit (SNR, Signal to Noise Ratio) parce qu'il tient compte des effets de non-linéarité et c'est une limite additive qui s'ajoute au SNR minimum exigé (SNR_{min}) pour le signal désiré qui est dicté par d'autres exigences du système telles que le TEB maximal acceptable. Les signaux parasites sont produits comme résultat de la quantification et des non-linéarités dans les étages d'entrée du CAN, comme le circuit échantillonneur bloqueur. La valeur minimale requise du SFDR peut être exprimée selon (1.7) [44].

$$SFDR_{min} = 10\log\left(\frac{P_B}{P_W}\right) + SNR_{min} \qquad (1.7)$$

Considérons le standard GSM mentionné ci-dessus, le rapport de puissance entre le bloqueur et le signal désirée résulte en une augmentation de la résolution du CAN avec un nombre de bits égal à environ 14 bits. Cette augmentation de résolution du CAN représente la marge que le CAN doit fournir à l'égard des signaux de blocage.

Les valeurs moyennes pratiques du SFDR et de la largeur de bande pour les différentes interfaces radio sont respectivement de 80 dB et de 5-20 MHz. Les valeurs du SNR_{min} dépendent des spécifications du système de transmission. Par exemple, le standard GSM exige un SNR_{min} de l'ordre de 10 dB, alors que le standard WiMAX nécessite un $SNR_{min} \propto 23$ dB.

1.4.2 Interférence due à l'échantillonnage Nyquist

L'échantillonnage du signal à la fréquence de Nyquist est aussi une source de problèmes. D'abord, il y a la distorsion due aux filtres analogiques avant le CAN pouvant affecter les échantillons du signal après le CAN. En second lieu, il y a le problème du signal image. En effet, les signaux d'interférence centrés autour des fréquences qui, après la transposition à une fréquence intermédiaire, peuvent se trouver dans la bande passante du filtre placé après le premier mélangeur.

L'échantillonnage du signal à la fréquence de Nyquist translate un signal indésirable situé à une fréquence 1,5 fois la fréquence d'échantillonnage, dans la bande du signal désiré. Cette situation est présentée dans la figure 1.10 où le signal désiré est limité à la largeur de bande de fréquences [*-B/2 ; B/2*]. Étant donné que l'échantillonnage produit des reproductions du spectre de signal autour de chaque multiple de la fréquence corrigée, le signal indésirable se retourne dans la bande de base à cause du repliement.

Une approche pour remédier à ce problème consiste à limiter la distorsion due au signal indésirable par rapport à la distorsion causée par les non-linéarités du CAN dans le spectre du signal à la sortie du CAN. Le sur-échantillonnage pourrait évidemment réduire l'effet de grands signaux interférents de fréquence proche de la largeur de bande de Nyquist du signal désiré.

Les spécifications d'interférence du canal adjacent dépendent du schéma d'accès multiple adopté pour l'interface radio désirée. Alors que dans les standards basés sur le CDMA il n'y a pas d'interférence du canal adjacent parce

Figure 1.10 :
Chevauchement des signaux indésirables dans la bande utile due à l'échantillonnage Nyquist.

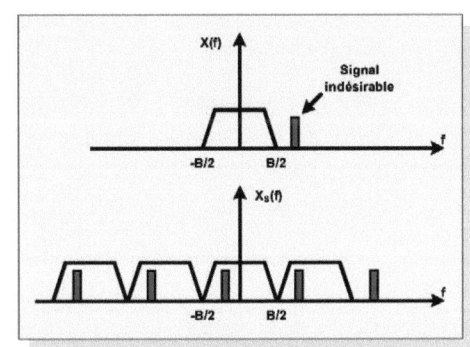

1.4 Numérisation des signaux dans un contexte multistandard

que tous les signaux codés couvrent la même largeur de bande (cependant, il y a une présence d'interférence co-canal), dans les interfaces radios basées sur le FDMA n'importe quel canal utile à plusieurs canaux adjacents. Dans le dernier cas, le récepteur doit être capable de détecter le signal désiré d'une largeur de bande contenant beaucoup de signaux interférents, conformément aux spécifications du SFDR pour le système. Comme exemple, la norme GSM spécifie un masque montrant le niveau de puissance des signaux des interférents adjacents ce qui assure que le canal désiré peut être détecté à partir d'un signal à large bande avec un niveau acceptable de fidélité (Annexe B).

1.4.3 Contraintes technologiques de réalisation

Le contexte multistandard induit des contraintes sévères sur le convertisseur de données. En effet, le CAN doit avoir [45]:

- Une grande fréquence d'échantillonnage pour supporter la large bande passante du signal multistandard
- Une grande résolution pour supporter la plage dynamique importante des signaux des différents standards
- Une bande passante analogique à l'entrée de quelques dizaines de MHz pour assurer la numérisation de tous les canaux utile des différents standards
- Un SFDR élevé pour permettre la détection de faibles signaux utiles en présence d'un fort interférent tout en gardant un faible niveau de distorsion,
- Une faible consommation de puissance
- Un faible coût

Toutefois, ces contraintes dépassent les capacités de la technologie de fabrication de circuit intégré actuellement disponible. Contrairement à de nombreux autres composants dans un récepteur radio, l'état de l'art de la technologie de fabrication des CANs avance lentement. En raison de ces limites, des compromis doivent être faits entre la bande passante, la plage dynamique, la consommation de puissance, et le coût pour trouver une solution de conception acceptable non seulement des convertisseurs de données, mais aussi pour l'ensemble de la radio [46].

La figure 1.11 illustre, à un niveau abstrait, les relations qui existent entre certains paramètres du CAN. Notons que pour obtenir simultanément une bande passante élevée et une large plage dynamique (caractéristiques souhaitables), il faudra en une augmentation de la consommation de puissance et du coût (caractéristiques indésirables), et toute conception sera limitée par la technologie de fabrication. Comme avec toutes les conceptions, nous ne pouvons pas avoir une amélioration des performances dans un domaine sans consentir des dégradations dans d'autres domaines. Ainsi, lors du choix du CAN, le concepteur doit faire attention à la façon dont les paramètres seront choisis puisqu'ils auront un impact sur la performance globale de la radio.

1.4.4 Spécifications du récepteur multistandard pour le modulateur ΣΔ

Après cette discussion sur la numérisation des signaux dans un contexte multistandard nous pouvons maintenant donner les spécifications que devra satisfaire le modulateur ΣΔ complexe à temps-continu. L'architecture de réception étant de type Low-IF, la fréquence intermédiaire est généralement égale à largeur d'un canal (ou deux fois la largeur du canal). S'agissant d'un récepteur multistandard, nous fixerons la valeur de f_{IF} à la largeur du canal du plus grand des standards choisis (GSM, UTMS, Bluetooth, WiMAX), à savoir 20 MHz (voir spécifications des standards dans l'annexe B).

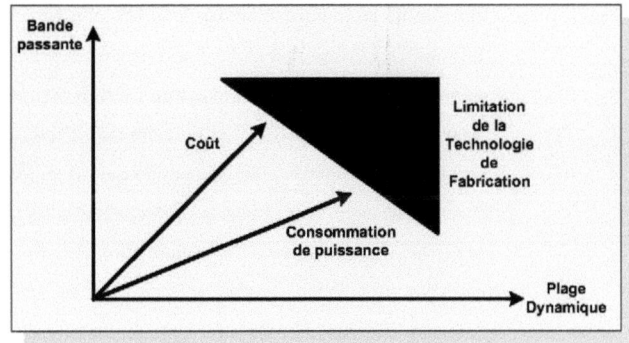

Figure 1.11 : Compromis et limites des performances des CANs.

L'utilisation d'une fréquence d'échantillonnage qui est un multiple de la fréquence intermédiaire, f_{IF}, simplifie la transposition numérique des données issues du CAN. La fréquence intermédiaire étant de 20 MHz, la fréquence d'échantillonnage est fixée à $F_e = 16 * f_{IF} = 320$ MHz. Ce qui permet d'avoir un facteur de sur-échantillonnage (OSR) raisonnable de 16 pour une bande de 20 MHz. Les spécifications de la réception SDR multistandard pour la numérisation du signal radio sont résumées dans le tableau 1.2. Ces calculs sont faits selon les spécifications des standards données dans l'annexe B.

Tableau 1.2 : Spécifications du récepteur pour le modulateur $\Sigma\Delta$.

F_e (MHz)	320			
f_{IF} (MHz)	20			
Standard	GSM	Bluetooth	UMTS	WiMAX
SFDR (dB)	55	36	58	37
DR$_{CAN}$ (dB)	90	71	64	55
Résolution (bit)	15	12	11	9

1.5 Conclusion

Dans ce chapitre nous avons présenté les concepts et l'étendue de la Radio Logicielle idéale comme elle a été imaginée en premier lieu par Mitola. Vu les contraintes sévères imposées par la Radio Logicielle sur ses éléments constitutifs et en particulier sur le CAN, elle est loin d'être réalisable dans un futur proche. Ainsi, une étude comparative des architectures de réception nous a permis de montrer que l'architecture Low-IF est l'architecture la plus adéquate pour réaliser la Radio Logicielle restreinte. L'utilisation d'un convertisseur $\Sigma\Delta$ complexe passe-bande à temps continu qui est taillé pour cette architecture nous a permis de supprimer quelques étages analogiques tels que l'AGC, le filtre anti-repliement et les filtres de rejection d'image, afin d'obtenir un récepteur plus compact, plus linéaire et plus adéquat pour les applications multistandards. Le caractère multistandard du récepteur est illustré à travers le dimensionnement de quatre standards : le GSM, le Bluetooth, l'UMTS et le WiMAX qui s'étendent sur des largeurs de canal de 200 KHz à 20 MHz et sont reçus sur des fréquences porteuses allant de 800 MHz à 6 GHz. Enfin, l'étude de la numérisation des signaux radio dans un contexte multistandard a permis de mettre en évidence les différentes contraintes liées à la conception de ce composant.

CHAPITRE 2

Dimensionnement du Modulateur ΣΔ complexe passe-bande à temps-continu

2.1 Introduction

En 1954, un brevet a été déposé par Cutler sur un système de rétroaction avec un quantificateur à faible résolution dans la chaîne d'action [47]. L'erreur de quantification a été rétroagie et soustraite au signal d'entrée. Ce principe d'amélioration de la résolution d'un quantificateur au moyen d'une rétroaction est le concept de base du convertisseur sigma-delta (ΣΔ) [48]. En 1962, Inose [49] a proposé l'idée d'ajouter un intégrateur dans le chemin d'action d'un modulateur delta [50], devant le quantificateur. Ce système a été appelé "modulateur sigma-delta ", où le "delta" se rapporte au modulateur-delta, et "sigma" se rapporte à l'addition par l'intégrateur. Il a fallu attendre le milieu des années 1980, en particulier la publication de Candy largement citée [51] sur la double intégration, pour que ces modulateurs gagnent en popularité. Depuis, les modulateurs ΣΔ se sont accaparés le marché des convertisseurs en audio-numérique (analogique-numérique et numérique-analogique), et ils sont également utilisés dans des applications à résolution élevée telles que l'instrumentation et les sismomètres.

Ce chapitre traite les concepts généraux de la conversion A/N de type sigma delta et propose une méthodologie de dimensionnement du modulateur ΣΔ complexe passe-bande et à temps-continu pour la chaine de réception Low-IF multistandard. Le chapitre commence par rappeler les concepts de base de la modulation ΣΔ. Ensuite, les différents choix technologiques de conception sont explorés. L'architecture générique du modulateur en quadrature est construite étape par étape à travers une méthodologie originale. Enfin, le dimensionnement d'un modulateur multistandard est exposé tout en illustrant les différentes spécificités du modulateur.

2.2 Les concepts de base

Un CAN de type ΣΔ est composé de deux éléments : un modulateur ΣΔ et un filtre décimateur comme illustré dans la figure 2.1 [52]. Le modulateur ΣΔ est un composant mixte qui sur-échantillonne le signal analogique et présente une sortie généralement codée sur peu de bits. Le filtre décimateur sous-échantillonne le flux binaire du modulateur ΣΔ tout en restituant la dynamique (résolution) globale du CAN.

La figure 2.2 illustre l'architecture d'un modulateur ΣΔ mono-étage, mono-bit. Dans ce qui suit, l'analyse concerne un modulateur ΣΔ à temps-discret, la version temps-continu sera traitée dans le paragraphe 2.4. Le modulateur est composé d'un élément linéaire (le filtre de boucle H(z)) et d'un élément non linéaire (le quantificateur). Un convertisseur numérique analogique (CNA) est nécessaire afin de convertir le signal de la boucle de retour en une forme analogique. Pour appliquer une étude linéaire du modulateur ΣΔ, nous considérons un modèle linéaire du quantificateur [48], [52]. Typiquement, l'erreur de quantification introduite par le quantificateur mono-bit est

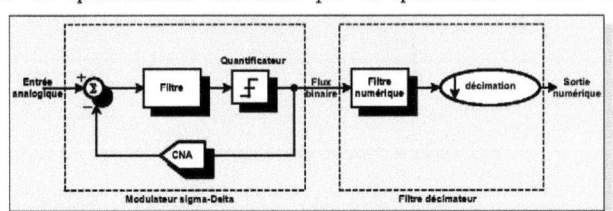

Figure 2.1 : Architecture d'un CAN de type Sigma-Delta.

2.2 Les concepts de base

FIGURE 2.2 :
Le modèle linéaire
du modulateur
ΣΔ.

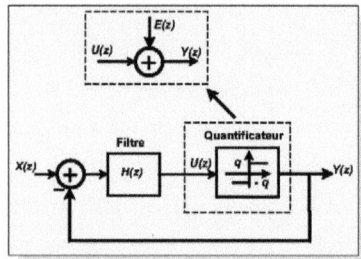

modélisée par un bruit blanc additif à moyenne nulle, $E(z)$ donnée dans (2.1).

$$Y(z) = U(z) + E(z) \qquad (2.1)$$

Le modulateur peut être analysé comme un système linéaire à deux entrées avec une fonction de transfert associée au bruit (NTF, Noise Transfer Function) et une fonction de transfert associée au signal (STF, Signal Transfer Function) définies par (2.2) [52].

$$Y(z) = STF(z)X(z) + NTF(z)E(z) \qquad (2.2)$$

avec

$$NTF(z) = \frac{1}{1 + H(z)} \qquad (2.3)$$

$$STF(z) = 1 - NTF(z) \qquad (2.4)$$

Pour l'architecture du modulateur ΣΔ présentée dans la figure 2.2, la fonction STF dépend de la conception de la fonction NTF (Equation (2.4)). Les modulateurs ΣΔ d'ordre élevé repoussent d'avantage le bruit en dehors de la bande utile vers les hautes fréquences. Cependant, étendre simplement le principe des boucles d'intégration multiple, défini par (2.5), où n est l'ordre du modulateur, ne présente aucun intérêt puisque les boucles d'ordre élevé restent difficiles à stabiliser [48].

$$NTF(z) = (1 - z^{-1})^n \qquad (2.5)$$

Les problèmes de stabilité risquent d'apparaître dès qu'on dépasse le deuxième ordre [53]. Une étude de stabilité pour le dimensionnement des modulateurs d'ordre élevé sera menée dans le paragraphe 2.4, afin de satisfaire les spécifications des standards en termes de dynamique (déterminé dans le premier chapitre). Une analyse fine des différentes configurations possibles nous permettra de proposer l'architecture du modulateur ΣΔ la plus adéquate. Nous présentons quelques éléments de réponse pour le choix du modulateur ΣΔ dans les paragraphes suivants.

2.3 Les choix conceptuels pour le modulateur ΣΔ

Il existe une multitude de choix conceptuel pour les modulateurs ΣΔ. Les plus importants sont énumérés et décrits brièvement ici.

2.3.1 Quantification : Mono-bit ou multi-bit

Il est possible de remplacer le quantificateur mono-bit par un quantificateur multi-bits [54]. Ceci a deux avantages majeurs : il améliore la résolution globale du modulateur ΣΔ, et il tend à rendre les modulateurs d'ordre élevé plus stables. En outre, les imperfections dans le quantificateur (par exemple, les niveaux légèrement décalés ou l'hystérésis) ne dégradent pas beaucoup les performances car le quantificateur est précédé de plusieurs intégrateurs à gain élevé. Par conséquent l'erreur par rapport à l'entrée est petite [55]. Les deux inconvénients majeurs du passage à un quantificateur multi-bit sont l'augmentation de la complexité du quantificateur multi-bit vis-à-vis du mono-bit, et les imperfections du CNA de rétroaction qui sont directement ajoutées à l'entrée. Les non-linéarités du CNA vont alors réduire les performances du modulateur. Il existe des méthodes connues sous le nom de techniques d'appariement dynamique des composants (DEM, Dynamic Element Matching) [56] pour compenser les erreurs du CNA multi-bits [57]. Celles-ci ne sont pas nécessaires dans une conception mono-bit puisqu'il est intrinsèquement linéaire [53].

2.3.2 Boucle de rétroaction : simple ou cascadée

Les boucles cascadées, également appelées structures MASH [58-59], sont très populaires pour les applications nécessitant une grande dynamique et un faible OSR car elles facilitent l'utilisation de boucles ΣΔ d'ordre élevé qui ne souffrent pas de problème de stabilité. Cependant, les modulateurs cascadés se basent sur les propriétés de la parfaite adaptation entre les fonctions de transfert analogiques des modulateurs et les fonctions de transfert de la logique

2.3 Les choix conceptuels pour le modulateur ΣΔ

numérique. Quand le bruit de quantification du quantificateur du premier étage n'est pas entièrement supprimé dans le bloc logique d'annulation d'erreur numérique (voir figure 2.3) due à une adaptation non idéale, le bruit de fuite apparaît à la sortie du modulateur, diminuant rapidement le SNR. Typiquement, le bruit de fuite dépend des imperfections des circuits analogiques, tel que le gain DC insuffisant de l'amplificateur et les variations des processus technologiques. D'ailleurs, les boucles cascadées sont caractérisées par une perte inhérente dans la plage dynamique due à la graduation interne du signal. Ces deux facteurs imposent des contraintes à la taille minimale des composants analogiques au détriment de la capacité parasite et de la dissipation de courant associée. Pour conclure, les boucles cascadées ont un plus grand facteur de mérite (FOM, Figure of Merit), $FOM = Puissance/2B*2^{ENOB}$, et consomment plus d'espace silicium que les structures en boucle simple.

2.3.3 Filtre de boucle : à temps-continu ou à temps-discret

Dans la littérature, la majorité des modulateurs ΣΔ sont implémentés avec des circuits à temps discret tels que les circuits à capacités commutées [60] ou à courants-commutés [61]. Il est aussi possible de construire le filtre de boucle avec des circuits à temps-continu (figure 2.4(a)), avec des transconducteurs ou des intégrateurs [62]. Il y a plusieurs raisons pour lesquelles nous allons faire ce choix.

Un modulateur ΣΔ à temps-discret présente une fréquence d'horloge maximale limitée par la largeur de bande de l'amplificateur et par le fait que les

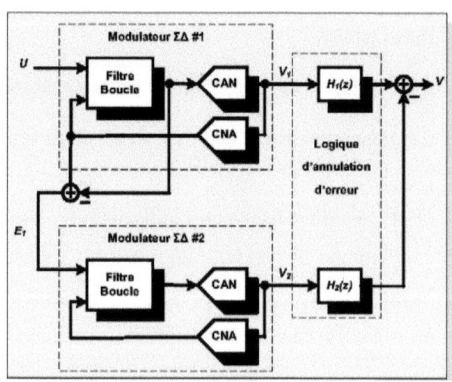

Figure 2.3 :
Configuration en cascade du modulateur ΣΔ en boucle cascadée.

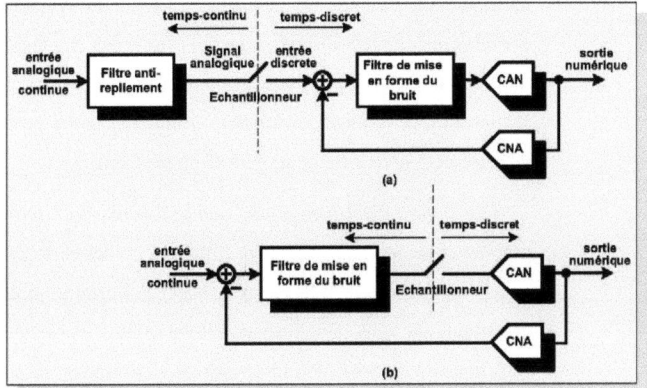

FIGURE 2.4 :
Modulateur ΣΔ :
(a) temps-continu,
(b) temps-discret.

formes d'onde du circuit ont besoin de plusieurs périodes d'horloge pour s'établir. Pour un modulateur ΣΔ à capacités commutées réalisé dans un processus technologique présentant une fréquence de coupure f_T, la fréquence d'horloge maximum est de l'ordre de $f_T/100$. Par contre, les formes d'onde varient en continu dans un modulateur ΣΔ à temps-continu, et la restriction liée à la largeur de bande de l'amplificateur (si des amplificateurs sont utilisés) est relaxée [63].

Un problème lié à la discrétisation des signaux à temps-discret est le *repliement*: les signaux séparés par un multiple de la fréquence d'échantillonnage sont inséparables [64]. Les modulateurs ΣΔ à temps-discret exigent habituellement un filtre à leurs entrées pour atténuer suffisamment les repliements. Par contre, dans un modulateur ΣΔ à temps-continu, le filtre de boucle fournit un filtrage anti-repliement implicite [51], [65], qui est bénéfique pour éliminer les grands interférents.

Dans les circuits capacités-commutés, le bruit dans la bande est limité par la taille des condensateurs. Les modulateurs à temps-continu présentent un FOM plus petit et consomment moins de surface silicium que les modulateurs à temps-discret [66]. Contrairement à un modulateur à temps-continu, des imperfections parasites (glitches) apparaissent dans un modulateur à temps-discret sur le nœud de masse des intégrateurs (bruit impulsif synchrone de commutation). Par conséquent, un modulateur à temps-continu fournie de meilleures performances en terme de linéarité. Lorsque le modulateur ΣΔ est intégré dans un émetteur-

2.3 Les choix conceptuels pour le modulateur ΣΔ

récepteur sans fil en technologie CMOS, les problèmes produits dans les modulateurs à temps-discret peuvent potentiellement dégrader le fonctionnement d'autres circuits critiques du récepteur, tels que les oscillateurs commandés en tension (VCO, Voltage Controlled Oscillator), LNA et mélangeurs, et peuvent sérieusement détériorer la sensibilité du récepteur.

Cependant, il est bien connu que le modulateur à temps-continu souffre des problèmes de la gigue d'horloge (jitter) et de l'effet de l'excès du retard dans la boucle (excess loop delay) qui sont à l'origine d'une dégradation assez importante du SNR. Quelques solutions existent pour contourner ces effets [67-70]. Pendant les dix dernières années, les modulateurs à temps-continu sont devenus plus préférés que les modulateurs à temps-discret [71].

2.3.4 Modulateur : réel ou complexe

Les signaux à valeur complexe ne sont pas particulièrement mystérieux [72] ; mais ils sont tout simplement une représentation commode de paire de signaux réels—un signal est interprété comme la partie réelle et l'autre comme la partie imaginaire du signal complexe combiné (voir annexe A).

Les CAN de type ΣΔ complexes mélangent l'idée du filtrage complexe [73] et de l'architecture ΣΔ passe-bande réelle [74-75] pour produire des spectres complexes asymétriques autour de la composante continue. En utilisant un filtre complexe dans la boucle du modulateur ΣΔ, la largeur de bande effective du signal est divisée par deux, et ceci double le rapport de sur-échantillonnage (OSR, Over Sampling Ratio) [76]. Le résultat est l'amélioration du rapport signal/bruit plus distorsion (SNDR, Signal to Noise and Distortion Ratio) [77-78], dépendant de l'ordre de la boucle de sur-échantillonnage et de la résolution du CNA incorporé dans le CAN. En outre, il est possible de choisir l'emplacement des zéros dans la fonction NTF afin de minimiser les erreurs dues aux effets de la quantification [79]. De plus, les zéros de la fonction STF peuvent être indépendamment choisis pour filtrer les images pour un mélangeur en quadrature (voir annexe C) précédent le modulateur ΣΔ. Ainsi, le filtrage complexe pour la rejection d'image et la conversion A/N sont réunis dans une seule unité.

L'amélioration du SNR constatée en raison du sur-échantillonnage pour un modulateur ΣΔ passe-bande d'ordre n qui utilise des coefficients à valeurs réels dans son filtre de boucle est donnée dans (2.6).

$$\text{SNR } amélioration_{BP} = (3n + 3) \text{ OSR (dB)} \qquad (2.6)$$

La forme complexe permet au modulateur ΣΔ passe-bande en quadrature (PBQ) de réaliser le même SNR que pour un modulateur ΣΔ passe-bas selon (2.7)

$$\text{SNR } amélioration_{PBQ} = (6n + 3) \text{ OSR (dB)} \qquad (2.7)$$

Notons que le modulateur décale le signal d'entrée vers la fréquence intermédiaire par un facteur $e^{j\omega_{IF}}$. Ce décalage de phase peut être aisément compensé à la sortie du modulateur en multipliant par un facteur $e^{-j\omega_{IF}}$ [29].

En se basant sur l'étude comparative précédente, basée sur des compromis entre linéarité, dissipation de puissance, fréquence de fonctionnement et plage dynamique, le choix de l'implémentation du modulateur ΣΔ en complexe et à temps-continu avec une structure de boucle simple à base de quantificateur mono-bit s'avère un choix intéressant pour l'application multistandard.

2.4 Construction d'une architecture générique pour un modulateur ΣΔ complexe à temps-continu

Dans ce paragraphe le dimensionnement du modulateur ΣΔ à temps-discret ainsi que la méthodologie de passage du temps-discret vers le temps-continu sont discutés afin d'obtenir la version temps-continu du modulateur. Les différents étages constitutifs de l'architecture générique du modulateur ΣΔ à temps-continu en quadrature sont aussi décrits. Ainsi, une méthodologie de dimensionnement originale pour la construction générique de l'architecture complexe est élaborée.

2.4.1 Construction d'un modulateur ΣΔ réel d'ordre élevé à temps-discret

Pour résoudre les problèmes de stabilité causés par le quantificateur mono-bit, nous proposons dans ce paragraphe une méthodologie originale de construction

2.4 Construction d'une architecture générique pour un modulateur ΣΔ

du modulateur ΣΔ d'ordre élevé mono-bit. Pour illustrer la méthodologie proposée, nous allons présenter les étapes de construction d'une façon incrémentale. L'enchaînement des étapes de construction est le suivant:

- Choix de l'ordre du modulateur ΣΔ
- Synthèse de la fonction de transfert de mise en forme du bruit
- Respect des contraintes de causalité du système
- Choix de l'architecture d'implémentation du modulateur ΣΔ
- Respect des contraintes de stabilité
- Vérification des performances du modulateur en termes de dynamique

2.4.1.1 Choix de l'ordre

La première étape de la méthodologie proposée est le choix de l'ordre n du modulateur ΣΔ qui correspond en réalité à l'ordre de la fonction de mise en forme du bruit NTF. Pour un ordre donné, le concepteur doit décider du nombre des paires de zéros complexes à placer dans le cercle unité à des fréquences différentes de la fréquence nulle (DC) pour avoir un meilleur SNR. Généralement, pour un ordre donné, l'utilisation maximale de paires complexes favorise une meilleure mise en forme du bruit [80].

L'objectif est le dimensionnement d'un modulateur ΣΔ pour un récepteur SDR multistandard. A cause de la différence entre les largeurs des canaux des différents standards, nous recommandons de choisir un ordre impair [80]. En effet, pour les standards à bande étroite (tel que le standard GSM) il est intéressant de placer au moins un zéro à la fréquence nulle. Ensuite, pour satisfaire les spécifications des standards ayant une largeur du canal importante (comme le standard WiMAX), il sera astucieux de repartir quelques paires de zéros complexes sur la bande utile du canal.

2.4.1.2 Synthèse de la fonction de transfert de mise en forme du bruit

La clé d'un dimensionnement réussi d'un modulateur ΣΔ d'ordre élevé stable se situe dans l'étude de la stabilité de la fonction NTF. Ceci peut être effectué par un choix approprié du type de filtre ainsi que ses paramètres (fréquence de coupure, atténuation) lors de la synthèse de la fonction NTF. Les approximations de type Butterworth, Chebyshev et elliptique peuvent être utilisées en spécifiant pour chacune d'elles les différents paramètres. Les filtres obtenus par approximation de Butterworth sont caractérisés par une réponse plate dans la bande passante, mais souffrent d'une faible sélectivité. Les filtres obtenus par approximation de Chebyshev sont utilisés quand la réponse plate n'est pas requise puisqu'ils présentent des ondulations dans la bande passante. Ces filtres permettent d'avoir une bande de transition moins importante tout en affichant des ordres moins élevés que ceux de Butterworth.

L'approximation de Chebyshev est donc un choix approprié pour la synthèse du filtre passe-haut lors du prototypage de la fonction NTF. En effet, cette approximation garantie un placement judicieux des zéros sur le cercle unité permettant la réduction du bruit de quantification dans la bande utile tout en ayant une bande de transition raide. Ce placement peut être trouvé aisément en utilisant le Toolbox « Signal Processing » du logiciel MATLAB comme indiqué dans l'équation (2.8).

$$[N,D] = Cheby2(k, R_s, \omega_n, 'High') \qquad (2.8)$$

Où N et D dénotent respectivement le numérateur et le dénominateur de la fonction de transfert du filtre associé à la fonction NTF. Cette fonction d'approximation de MATLAB conçoit un filtre passe-haut de type Chebyshev d'ordre n avec une fréquence de coupure normalisée ω_n et une atténuation minimale de R_s dans la bande atténuée.

La stratégie du dimensionnement de la fonction NTF consiste à choisir un alignement selon l'approximation de Chebyshev pour répartir les pôles et les zéros dans la bande utile [80]. Un prototype passe-haut de cinquième ordre de la fonction NTF est illustré dans la figure 2.5. Le choix de ω_n et R_s est une étape importante dans la méthodologie proposée. Dans le cas d'un récepteur SDR multistandard, nous recommandons le choix de ω_n égale à la moitié de la largeur de bande la plus importante des différents canaux considérés. Grace à la bonne sélectivité des filtres obtenus par approximation de Chebyshev et un bon choix de la valeur de R_s, nous obtenons la rejection du bruit de quantification requise (une valeur adéquate de R_s est définie comme étant un compromis entre l'entrée maximale stable et la valeur maximale du SNR).

2.4 Construction d'une architecture générique pour un modulateur ΣΔ

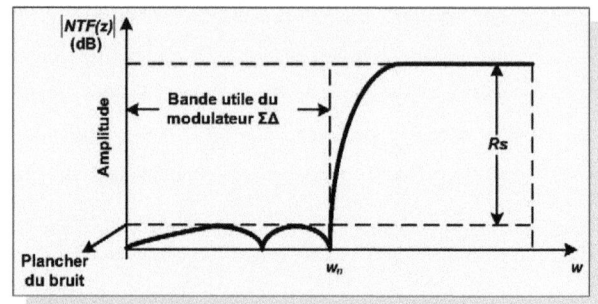

Figure 2.5 :
Prototype passe-haut de la fonction NTF de 5ième ordre.

2.4.1.3 Respect des contraintes de causalité du système

La troisième étape consiste à assurer la causalité du système à réaliser. Cette étape est nécessaire pour que le filtre de boucle $H(z)$ puisse contenir au moins un retard. Dans le cas échéant, le modulateur ΣΔ devient un système non causal et non réalisable. En effet, les erreurs introduites par le quantificateur sont délivrées directement à la sortie sans retard, c'est pourquoi la réponse impulsionnelle de la fonction NTF doit présenter 1 comme première valeur de sortie.

$$NTF(\infty) = 1 \tag{2.9}$$

Ceci assure que seulement les erreurs du quantificateur des instants précédents vont contribuer à former l'entrée actuelle du quantificateur. Les premiers coefficients (associés à z^n) du numérateur de la fonction NTF doit être égale à 1, ce qui satisfait la relation (2.9) [80]. Ceci implique la normalisation des coefficients du numérateur selon (2.10).

$$N = \frac{N}{N(1)} \tag{2.10}$$

2.4.1.4 Choix de l'architecture d'implémentation

Une fois que la fonction de transfert de la NTF a été synthétisée dans les étapes précédentes, nous nous intéresserons maintenant à l'architecture de l'implémentation du modulateur ΣΔ. Plusieurs architectures d'implémentation des modulateurs ΣΔ à rétroaction mono-étage sont disponibles dans la littérature. Deux variantes d'architectures sont connues à ce jour : l'architecture mono-étage à rétroaction multiple (FB, Feedback) et l'architecture mono-étage à rétroaction anticipative (FF, Feedforward) [48], [52]. Les configurations possibles sont la cascade des intégrateurs en rétroaction multiple (CIFB) et en rétroaction anticipative (CIFF), et la cascade des résonateurs en rétroaction multiple (CRFB) et en rétroaction anticipative (CRFF) (voir annexe C).

La nature de la configuration des filtres dans les architectures basées sur la cascade des intégrateurs forcent les pôles de $H(z)$ à la fréquence nulle (DC, z =1). La synthèse de la fonction NTF conçue précédemment est basée sur l'approximation de type Chebyshev renfermant des zéros à des fréquences différentes de la fréquence nulle. Ce qui élimine l'utilisation des architectures basées sur la cascade des intégrateurs.

Cependant, les architectures CRFB et CRFF sont obtenues des architectures CIFF et CIFB en ajoutant une réaction négative locale (par le biais d'un coefficient g_i) sur les paires d'intégrateurs qui deviennent des résonateurs. Ceci permet la possibilité de déplacer des zéros sur le cercle unitaire permettant à la fonction NTF d'avoir des paires de zéros complexes sur certaines fréquences [30], [80]. Les configurations CRFF et CRFB sont illustrées dans la figure 2.6 et la figure 2.7.

$Id_1(z)$ et $Id_2(z)$ sont deux intégrateurs dont les fonctions de transfert sont données par (2.11) et (2.12).

$$Id_1(z) = \frac{z^{-1}}{1-z^{-1}} \qquad (2.11)$$

$$Id_2(z) = \frac{1}{1-z^{-1}} \qquad (2.12)$$

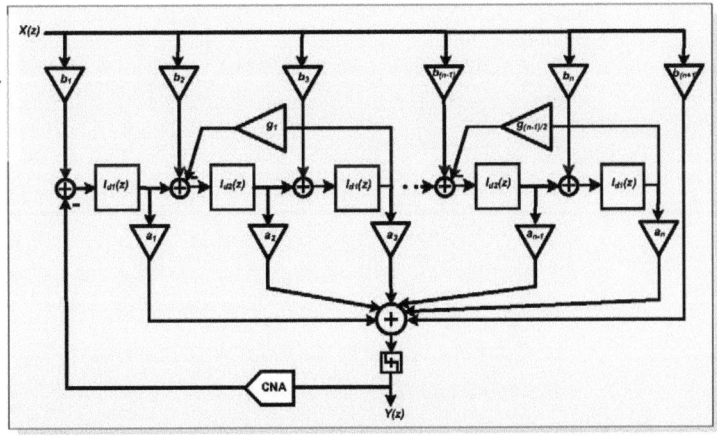

FIGURE 2.6 : Structure CRFF d'un modulateur ΣΔ passe-bas d'ordre n.

2.4 Construction d'une architecture générique pour un modulateur ΣΔ

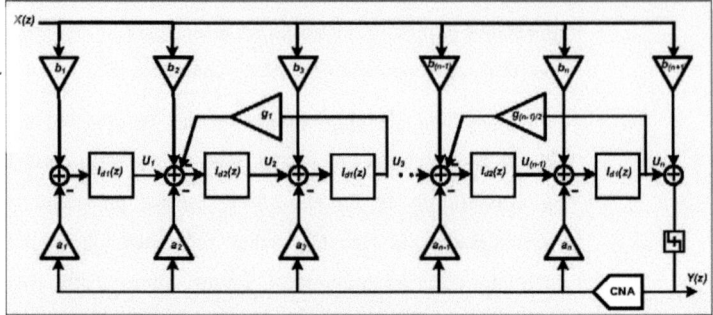

FIGURE 2.7 : Structure CRFB d'un modulateur ΣΔ passe-bas d'ordre n.

La finalité de la fonction NTF est d'atténuer le bruit de quantification dans la bande utile en le repoussant dans les hautes fréquences pour un modulateur ΣΔ passe-bas. Les coefficients a_i et g_i permettent le placement des zéros de la fonction NTF. Généralement la fonction STF associé au signal d'entrée possède un gain unitaire dans la bande utile. Une version améliorée de la fonction STF consiste à ajouter des zéros de transmission dans certaines fréquences ce qui permet d'atténuer certains interférents [30]. Ceci est possible par l'ajout des coefficients b_i aux architectures CRFF et CRFB comme illustré dans la figure 2.6 et la figure 2.7.

Les deux configurations en rétroaction multiple et en rétroaction anticipative présente des caractéristiques similaires en termes de compensation de la boucle du modulateur ΣΔ. Cependant, quelques différences existent. Le problème majeur de l'architecture à rétroaction multiple est la présence d'une partie du signal d'entrée à la sortie des intégrateurs. Le gain du premier intégrateur doit être faible afin d'éviter de saturer la sortie de l'intégrateur ce qui augmente le bruit et la distorsion des intégrateurs suivants. La consommation de puissance des architectures à rétroaction multiple tend à être plus importante que celle des architectures à rétroaction anticipative [58].

Généralement, la fonction STF d'ordre n en configuration CRFF présente n pôles et n-1 zéros, tandis qu'en configuration CRFB elle possède n pôles. En d'autres termes, la fonction STF est un filtre anti-repliement d'ordre 1 en configuration CRFF et d'ordre n en configuration CRFB [71]. Cette dernière configuration, donne une possibilité de filtrage plus importante pour la rejection d'image. De plus, en configuration CRFF, la fonction STF ne présente pas une réponse plate dans la bande utile à cause des zéros des résonateurs. A cause des imperfections de la rétroaction des pôles et des zéros, la fonction STF peut manifester un gain trop important dans la bande utile en configuration CRFF et la dynamique à l'entrée stable du modulateur $\Sigma\Delta$ sera diminuée par ce gain. Cependant, pour la configuration CRFB, la fonction STF ne présente pas de zéros et ne souffre pas d'un gain trop élevé. Pour toutes ces raisons, la configuration CRFB est retenue pour la construction du modulateur $\Sigma\Delta$.

2.4.1.5 Respect des contraintes de stabilité

Comme tout système à contre réaction, les modulateurs $\Sigma\Delta$ peuvent être sujet à de l'instabilité : c'est-à-dire qu'ils peuvent entrer dans un régime d'oscillations entretenues et y rester, le signal de sortie ne dépend alors plus du signal d'entrée.

Plusieurs tentatives pour trouver un critère rigoureux afin de définir la stabilité du modulateur $\Sigma\Delta$ ont été proposées dans la littérature. Nous citons deux approches :

- *Le critère BIBO (Bounded Input Bounded Output):* un modulateur $\Sigma\Delta$ est stable si le filtre de boucle produit des oscillations bornées pour toute entrée bornée. Il est totalement instable si ces oscillations divergent pour un signal d'entrée nul. Cette condition devient plus difficile à réaliser quand l'entrée est proche de la valeur pleine échelle du quantificateur, puisque la saturation augmente la nature non linéaire du modulateur $\Sigma\Delta$. Ce phénomène est accentué quand l'ordre du modulateur est grand. Quand le quantificateur sature, le signal de rétroaction appliqué à l'entrée est bloqué et le gain de la rétroaction se dégrade, le quantificateur ayant besoin de plus de temps pour suivre le signal d'entrée, la boucle peut éventuellement devenir instable [81].

- *Le critère basé sur le modèle quasi-linéaire du modulateur:* le quantificateur est modélisé par un amplificateur ayant un gain variable η suivi d'une source de bruit blanc additif. Ce modèle est basé sur le théorème de Kalman sur la stabilité des systèmes non linéaires [78]. Une valeur optimale pour la stabilité du gain variable η dépend de l'entrée du quantificateur, qui dépend lui même du signal

2.4 Construction d'une architecture générique pour un modulateur ΣΔ

d'entrée du modulateur. Comme la stabilité du modulateur dépend de son signal d'entrée, il est impossible de tester toutes les amplitudes et les formes de ce signal. De plus, la plupart des modulateurs d'ordre élevé (supérieur à 2) ne sont jamais totalement stables, ce qui signifie que dans certaines conditions les signaux intermédiaires peuvent diverger. D'où la difficulté d'utiliser ce critère pour la conception des modulateurs ΣΔ.

Les méthodes d'analyse citées précédemment permettent d'obtenir des critères de stabilité. Cependant, elles ne permettent pas de construire une architecture de manière analytique. La principale difficulté est que pour définir une architecture du modulateur ΣΔ, il faut évaluer le gain η du quantificateur, sachant que ce gain dépend du signal d'entrée.

Nous proposons donc une méthode de conception de modulateur ΣΔ stable d'ordre élevé d'une manière empirique à partir du gabarit de la fonction NTF et de son gain en haute fréquence. En effet, si le modulateur est instable, il faudra réduire le gain de la fonction NTF en dehors de la bande utile (haute fréquence) ce qui réduit l'atténuation minimale R_s [80]. Cette réduction de R_s se traduit par la diminution de l'amplitude du premier échantillon de la réponse impulsionnelle. Cependant, la fonction NTF est taillée pour avoir une première réponse impulsionnelle unitaire, cette réduction causera la diminution du gain dans la bande utile.

Après avoir effectué plusieurs simulations sur l'architecture CRFF, une règle empirique de stabilité a été trouvée : le gain de la fonction NTF en dehors de la bande utile ne doit pas dépasser la valeur 1.75 [80]. Cette règle concerne seulement les modulateurs ΣΔ dont la fonction NTF a été synthétisée avec une approximation polynomiale de type Butterworth pour le gain en dehors de la bande utile. En effet, cette approximation assure une réponse plate et donc une valeur de gain constante en haute fréquence.

2.4.1.6 Vérification des performances du modulateur ΣΔ en termes de dynamique

Si le modulateur ΣΔ est stable et sa performance en termes de SNR n'est pas suffisante, il faut augmenter alors le gain de la fonction NTF en dehors de la bande utile. En poussant le modulateur ΣΔ près de la limite de la stabilité (gain de 1.75), une fonction NTF plus performante est obtenue garantissant un SNR qui peut être 20 dB plus important. Cependant, cette nouvelle fonction NTF peut faire basculer le modulateur ΣΔ vers l'instabilité si une entrée de valeur importante est appliquée ou une dérive sur la valeur d'un coefficient se produit. Si la valeur escomptée du SNR est incompatible avec la stabilité du modulateur, l'augmentation de l'ordre du modulateur ΣΔ est nécessaire. La méthodologie de dimensionnement de modulateur ΣΔ d'ordre élevée stable est récapitulée dans l'organigramme de la figure 2.8.

2.4.2 Construction d'un modulateur ΣΔ réel d'ordre élevé à temps-continu

Dans le paragraphe précédent, nous avons détaillé la méthodologie proposée pour le dimensionnement d'un modulateur ΣΔ d'ordre élevé mono-bit à temps discret. Cette stratégie repose sur la stabilisation du modulateur ΣΔ par un placement astucieux des pôles lors de la synthèse de la fonction NTF discrète. Une architecture en rétroaction multiple (CRFB) est utilisée pour

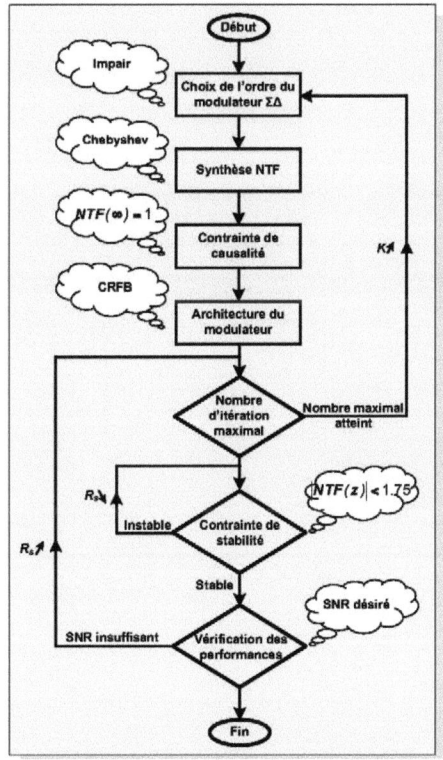

Figure 2.8 : Organigramme de la méthodologie de dimensionnement à temps-discret.

2.4 Construction d'une architecture générique pour un modulateur ΣΔ

l'implémentation du filtre de boucle permettant ainsi le placement des pôles de la NTF. Nous proposons dans ce paragraphe, d'étendre cette méthodologie vers la configuration à temps-continu du modulateur ΣΔ. En effet, cette configuration est très intéressante pour la réception SDR multistandard vu qu'elle permet d'éviter l'utilisation du filtre anti-repliement et permet aussi d'utiliser des fréquences de fonctionnement plus élevées.

2.4.2.1 Passage du temps-discret vers le temps-continu

Le modulateur ΣΔ décliné sous ces deux formes, à temps-continu et à temps-discret, est illustré dans la figure 2.9. La différence entre les deux formes se situe dans la nature du signal d'entrée du modulateur. Pour le modulateur à temps-continu, l'entrée est un signal qui varie dans le temps $\hat{x}(t)$, alors que dans le modulateur à temps-discret, le signal est échantillonné avant d'être appliqué à la boucle $x(n) = \hat{x}(nT_e)$. Pour le modulateur à temps-continu, l'échantillonnage s'effectue juste avant le quantificateur comme cela est indiqué sur la figure 2.9.b.

Le CNA de la boucle de retour n'est qu'un interrupteur qui, à chaque période T_e, convertit le code numérique du quantificateur en un signal analogique qui peut être une tension ou un courant [63], [83]. Le signal de la boucle de retour peut être constant durant le cycle d'horloge (NRZ, Non Return to Zero), ou peut changer durant le cycle (RZ, Return to Zero ; HZ, Half delay return to Zero).

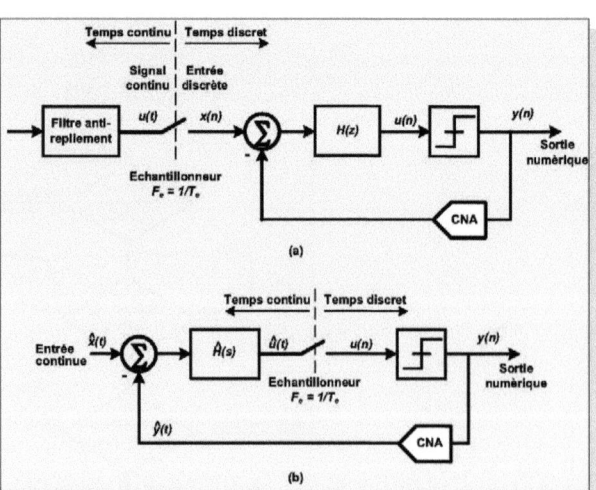

Figure 2.9 : Modulateur ΣΔ (a) à temps-discret, (b) à temps-continu.

Contrairement au cas des modulateurs ΣΔ à temps-discrets où seule la valeur de la sortie moyennée du CNA est importante entre deux instants d'échantillonnage, pour les modulateurs ΣΔ à temps-continu la forme de sortie du CNA est importante puisqu'elle est appliquée directement à l'entrée du filtre de boucle continu [48].

Les modulateurs ΣΔ à temps-continu sont des systèmes mixtes : le filtre de boucle est à temps-continu, le quantificateur et le CNA sont à temps-discret. Afin de surmonter les problèmes liés à la synthèse des circuits mixtes en raison des difficultés de simulation, un modulateur ΣΔ à temps-continu est étudié dans le domaine discret puis réexaminé à temps-continu.

Nous allons introduire l'équivalence entre temps-discret et temps-continu. Cette équivalence existe en raison de l'échantillonnage qui s'effectue à l'entrée du quantificateur et qui ne change pas le comportement global du modulateur ΣΔ. En annulant l'entrée et en ouvrant la boucle du modulateur ΣΔ autour du quantificateur, nous obtenons la boucle ouverte qui entoure le quantificateur dans le cas discret et continu comme illustré dans la figure 2.10.

Le modulateur ΣΔ à temps-continu va produire la même sortie $y(n)$ que le modulateur ΣΔ à temps-discret si l'entrée du quantificateur dans les deux cas est identique à tous les instants d'échantillonnage, c'est-à-dire $u(n) = \hat{u}(nT_e)$. Ceci sera vrai si la condition (2.13) est vérifiée [63].

$$Z^{-1}\{H(z)\} = L^{-1}\{\hat{H}_{CNA}(s)\hat{H}(s)\}\big|_{t=nT_e} \qquad (2.13)$$

où $\hat{H}_{CNA}(s)$ est la transformé de Laplace de la réponse impulsionnelle du CNA, L^{-1} est la transformé de Laplace inverse et Z^{-1} est la transformé en Z inverse.

Figure 2.10 :
Boucle ouverte du modulateur ΣΔ (a) à temps-discret, (b) à temps-continu.

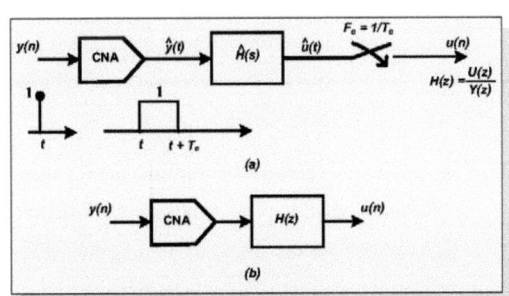

2.4 Construction d'une architecture générique pour un modulateur ΣΔ

Plusieurs techniques de transformation du temps-discret au temps-continu existent dans la littérature pour résoudre l'équation (2.13). Nous dénombrons trois variantes :

- *Transformation dans le domaine temporel*: Cette technique utilise l'invariance impulsionnelle qui consiste à conserver la même réponse impulsionnelle des filtres continu $\hat{H}(s)$ et discret $H(z)$ [65]. La complexité du calcul de la convolution dans le domaine temporel rend cette méthode peu adéquate pour une méthodologie de conception automatisée. Cette méthode est plutôt utilisée pour la simulation des filtres analogiques à l'aide de simulateurs numériques.

- *Transformation dans l'espace d'états*: Cette technique utilise la représentation d'états qui permet de modéliser les deux structures (à temps-discret et à temps-continu) de la boucle ouverte du modulateur ΣΔ sous forme matricielle en utilisant des variables d'état. L'objectif est de trouver une équivalence (correspondance matricielle) entre les deux représentations d'état en ayant les mêmes sorties $u(n)$ aux instants d'échantillonnage [84]. L'utilisation de cette méthode est rendue difficile pour ce système non-linéaire à cause des problèmes de singularité et du calcul matriciel complexe.

- *Transformation en Z modifié*: Cette technique est basée sur l'équivalence entre les gains des fonctions de transferts (discrète et continue) de la boucle ouverte pour une réponse du CNA $\hat{H}_{CNA}(s)$ donnée. L'objectif est de concevoir le filtre de boucle $\hat{H}(s)$ par équivalence du gain de la boucle ouverte à des occurrences intermédiaires entre les instants d'échantillonnage [85]. Cette méthode nécessite l'utilisation du théorème des résidus pour assurer la correspondance des gains et un re-calcul des coefficients de rétroaction. Ceci rend cette méthode non adaptée pour une conception automatisée.

Dans le paragraphe suivant, nous proposons une technique d'équivalence entre temps-discret et temps-continu adaptée pour les modulateurs ΣΔ. Cette technique permet une génération automatique d'une architecture CRFB à temps-continu [28].

2.4.2.2 Modulateur ΣΔ passe-bas à temps-continu

La transformation du temps-discret au temps-continu se fait dans l'ordre suivant:

- Conception à temps-discret du filtre de boucle $H(z)$ selon la méthodologie donnée précédemment. Ceci permet d'obtenir les coefficients a_i et g_i de l'architecture CRFB à temps-discret.
- Utilisation du tableau de correspondance, Tableau 2.1, pour remplacer les intégrateurs de la forme discrète à la forme continue.
- Construction d'une architecture CRFB à temps-continu avec les mêmes coefficients a_i et g_i, tout en replaçant les intégrateurs discrets par leur équivalents continus (figure 2.11).

TABLEAU 2.1 : Correspondance entre temps-discret et temps-continu des intégrateurs.

	Temps-discret	Temps-continu
Intégrateur	$I_{d1}(z) = \dfrac{z^{-1}}{1-z^{-1}}$	$I_{c1}(s) = \dfrac{1}{T_e s}$
	$I_{d2}(z) = \dfrac{1}{1-z^{-1}}$	$I_{c2}(s) = 1 + \dfrac{1}{T_e s}$

Grace à la méthodologie de conception présentée précédemment, l'équivalence entre les modulateurs ΣΔ (à temps-discret et à temps-continu) se traduit par une simple substitution directe des intégrateurs de la forme discrète à la forme continue. Aucun calcul de réajustement n'est nécessaire pour les coefficients de l'architecture CRFB [80]. L'organigramme de la figure 2.12 illustre la stratégie de passage du modulateur ΣΔ passe-bas du temps-discret au temps-continu [80].

FIGURE 2.11 : Architecture CRFB pour un modulateur ΣΔ passe-bas à temps-continu d'ordre n impair.

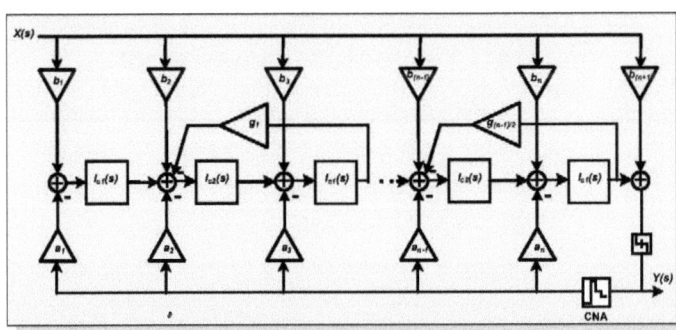

2.4 Construction d'une architecture générique pour un modulateur ΣΔ

FIGURE 2.12 :
Stratégie de passage du temps-discret au temps-continu.

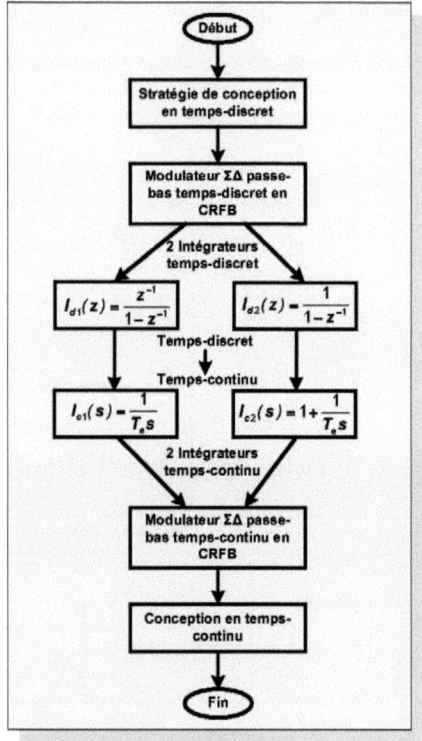

2.4.3 Construction d'un modulateur ΣΔ complexe

L'architecture de réception étant de type Low-IF, nous utilisons un modulateur ΣΔ complexe passe-bande. La construction de ce modulateur nécessite la configuration du filtre de boucle en structure polyphase avec des entrées/sorties en quadrature (I et Q). Nous présentons dans ce paragraphe le déplacement de fréquence autour de f_{IF} réalisé à l'aide du filtre en structure polyphase, ainsi que la construction de la boucle de mise en forme complexe et celle de rétroaction.

2.4.3.1 Filtre de boucle en structure polyphase

Un filtre en structure polyphase est un filtre complexe passe-bande avec des entrées et des sorties I et Q complexes. Chaque étage du filtre se compose de deux filtres passe-bas entrecroisés. La figure 2.13 montre le schéma fonctionnel d'un étage de filtre simple en structure polyphase. Les deux filtres passe-bas sont montrés à l'intérieur des deux boîtes pointillées. La fonction de transfert du filtre en structure polyphase $H_{polyphase}(j\omega)$ est basée sur une fonction de transfert

*Figure 2.13 :
(a) Filtre polyphase obtenu par couplage croisé double, (b) déplacement de fréquence.*

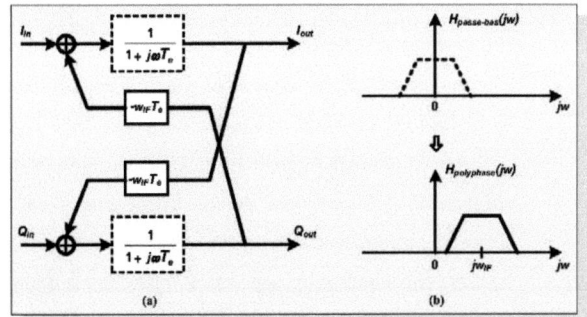

décalée du filtre passe-bas $H_{Passe-Bas}(j\omega)$ qui est décrite selon(2.14) où ω_0 représente la pulsation de coupure.

$$H_{Passe-Bas}(j\omega) = \frac{1}{1 + j\omega/\omega_0} \quad (2.14)$$

Le déplacement de fréquence autour de la fréquence centrale $f_{IF} = \omega_{IF}/2\pi$ est décrit par (2.15), qui résulte en (2.16). La fréquence centrale correspond à la fréquence intermédiaire du récepteur Low-IF. Le déplacement de fréquence est réalisé par le couplage croisé de deux filtres passe-bas (figure 2.13(a)) dans l'étage de filtre polyphase.

$$H_{polyphase}(j\omega) = H_{polyphase}(j\omega - j\omega_{IF}) \quad (2.15)$$

$$H_{polyphase}(j\omega) = \frac{1}{1 + j\omega/\omega_0 - j\omega_{IF}/\omega_0} \quad (2.16)$$

Un filtre passe-bas avec plusieurs étages de filtre a une fonction de transfert avec des paires de pôles et de zéros complexes conjuguées. Suivant les indications de la figure 2.13 (b), elle a une bande passante aux fréquences positives et négatives. Au contraire, un filtre en structure polyphase possède une fonction de transfert avec ces pôles et ces zéros complexes et une bande passante seulement aux fréquences positives ou négatives (figure 2.13 (b)).

Par conséquent, la deuxième étape dans la méthodologie de construction du modulateur $\Sigma\Delta$ complexe est d'établir la boucle de rétroaction de mise en forme de bruit en quadrature avec des étages de filtre en structure polyphase.

2.4 Construction d'une architecture générique pour un modulateur ΣΔ

2.4.3.2 Fonction de mise en forme du bruit complexe

Le modulateur ΣΔ passe-bande traditionnel [86-87] produit un seul train binaire à partir d'une entrée réelle analogique. Ceci est extensible au quadrature, ou complexe, si un filtre complexe est placé dans la boucle ΣΔ [78], [88-90], comme le montre la figure 2.14(b). Le modulateur en quadrature réalise ainsi une conversion A/N complexe de son entrée analogique complexe $x(n) = x_I(n) + jx_Q(n)$. Le modulateur génère deux trains binaires qui représentent les canaux I et Q. Une fois combiné en tant que I + jQ dans le domaine numérique, ces trains binaires forment un signal numérique complexe qui représente exactement l'entrée complexe. La structure montrée est symbolique, dans le sens que le modulateur actuel relie les signaux d'entrée et de sortie à divers points dans le filtre de boucle. Le spectre de sortie, étant complexe, et asymétrique autour de DC. La figure 2.14 illustre ainsi la boucle de rétroaction de mise en forme de bruit en quadrature obtenue à partir de deux boucles passe-bas.

2.4.3.3 CNA de rétroaction complexe

Soit la fonction de transfert du CNA utilisé dans la rétroaction $H_{CNA}(s)$, la transformation par invariance impulsionnelle (IIT, Impulse Invariant Transform) [91] permet de déduire le filtre de boucle à temps-continu H(s) à partir du H(z) désiré selon (2.17).

$$H(z) = IIT\{H(s)\ H_{CNA}(s)\} \qquad (2.17)$$

Ceci peut être appliqué pour le passe-bas aussi bien que pour le passe-bande en quadrature (PBQ). La fonction de transfert $H_{PBQ}(z)$ correspondante est

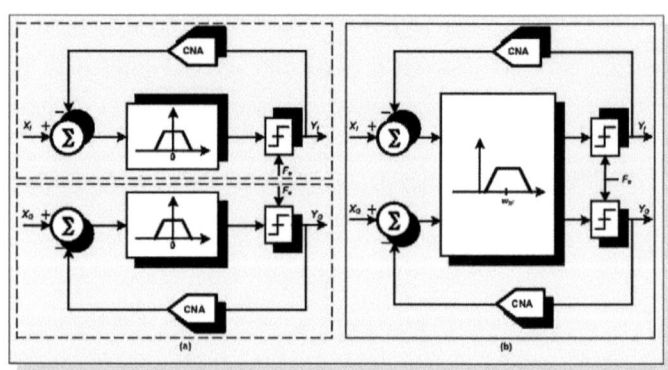

Figure 2.14 : Topologie d'un modulateur ΣΔ : (a) réel, (b) complexe.

obtenue après TII selon (2.18):

$$H_{PBQ}(z) = IIT\{H_{PBQ}(s)\ H_{CNA}(s)\}\quad(2.18)$$

Malheureusement, le décalage seulement de la réponse fréquentielle du filtre de boucle à temps-continu ne réalise pas le $H_{PBQ}(z)$, puisqu'en général:

$$H_{PBQ}(z) \neq IIT\{H_{LP}(s - j\omega)\ H_{CNA}(s)\}\quad(2.19)$$

Tandis que pour les faibles fréquences centrales f_{IF} l'approximation est assez bonne, pour une plus grande f_{IF} les performances et la stabilité du modulateur $\Sigma\Delta$ sont dégradées. Pour avoir de bons résultats pour tous f_{IF}, l'inégalité (2.11) devrait devenir une égalité. Il est démontré que le décalage de $H_{passe\text{-}bas}(s)$ aussi bien que $H_{CNA}(s)$ donne l'égalité désirée [92] par (2.20).

$$H_{PBQ}(z) = TII\{H_{Pasee\text{-}Bas}(s - j\omega)\ H_{CNA}(s - j\omega)\}\quad(2.20)$$

Nous considérons le CNA rectangulaire en rétroaction le plus couramment utilisé, non-retour à zéro (NRZ, Non Return to Zero), présentant la fonction de transfert donnée par (2.21).

$$H_{CNA}(s) = \frac{1 - e^{-T_e s}}{T_e s}\quad(2.21)$$

Malheureusement, la réalisation du décalage de fréquence de fonction de transfert $H_{CNA}(s - j\omega)$ n'est pas pratique [92]. Par conséquent, une fonction de transfert alternative $\hat{H}_{CNA}(s)$ du CNA sera utilisée en satisfaisant l'équation (2.22).

$$\lim_{s \to p_i}\{H_{CNA}(s - j\omega_{IF})\} = \lim_{s \to p_i}\{\hat{H}_{CNA}(s - j\omega_{IF})\}\ \forall p_i\quad(2.22)$$

Puisque les pôles tendent à être proches de $j\omega_{IF}$, nous pouvons remplacer dans l'équation (2.22) p_i par $j\omega_{IF}$. Pour un facteur de sur-échantillonnage raisonnable, la condition (2.22) devient (2.23).

$$\begin{aligned}\hat{H}_{CNA}(s) &= \lim_{s \to \omega_{IF}}\left\{\frac{H_{CNA}(s - j\omega_{IF})}{H_{CNA}(s)}\right\}H_{CNA}(s)\\ &= \frac{\omega_{IF}}{2\sin(\omega_{IF}/2)}e^{j\omega_{IF}/2}.H_{CNA}(s)\end{aligned}\quad(2.23)$$

$\hat{H}_{CNA}(s)$ est alors la fonction de transfert de l'impulsion du CNA NRZ en

2.4 Construction d'une architecture générique pour un modulateur ΣΔ

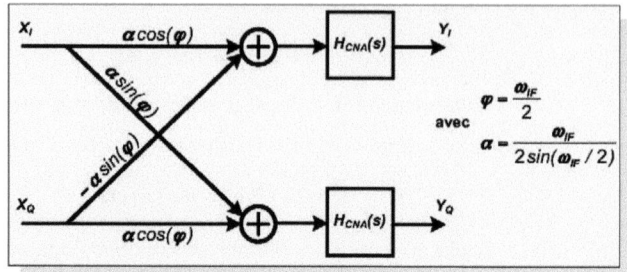

FIGURE 2.15 : Implémentation de $\hat{H}_{CNA}(s)$.

quadrature. L'implémentation nécessite un couplage croisé supplémentaire entre les voies I et Q. Une réalisation possible est montrée dans la figure 2.15. Par conséquent, la solution pour chaque valeur de f_{IF} est trouvée et la conception de l'architecture générique peut être ajustée.

2.4.4 Architecture générique d'un modulateur ΣΔ complexe d'ordre élevé à temps-continu

La méthodologie de conception proposée étape-par-étape est récapitulée dans le diagramme révélé dans la figure 2.16. Une structure générique qui réalise le modulateur ΣΔ en quadrature d'ordre n est montrée dans la figure 2.17. La structure est en fait l'extension, à la forme complexe, d'une structure similaire à celle utilisée dans le modulateur ΣΔ réel d'ordre élevé. Elle peut être décrite comme une chaîne de filtres en structure polyphase avec rétroactions locales de résonateur et globales du modulateur. La structure générale montrée facilite le positionnement indépendant des pôles et des zéros de la fonction NTF. La mise en forme du bruit peut alors être effectuée à une fraction arbitraire de la fréquence d'échantillonnage. Les zéros de la mise en forme du bruit peuvent être répartis de façon optimale à travers la bande utile.

L'architecture générique telle que présentée peut être décrite comme suit. L'entrée de modulateur est liée à chaque étage par les coefficients b_i, qui placent les zéros complexe de la fonction STF. Le résonateur de rétroaction local autour des paires de filtres en structure polyphase permet le placement des zéros sur le cercle unitaire aux fréquences positives finies. Ce qui permet à la réponse en

Figure 2.16 : Organigramme de la construction de l'architecture d'un modulateur ΣΔ complexe à temps-continu.

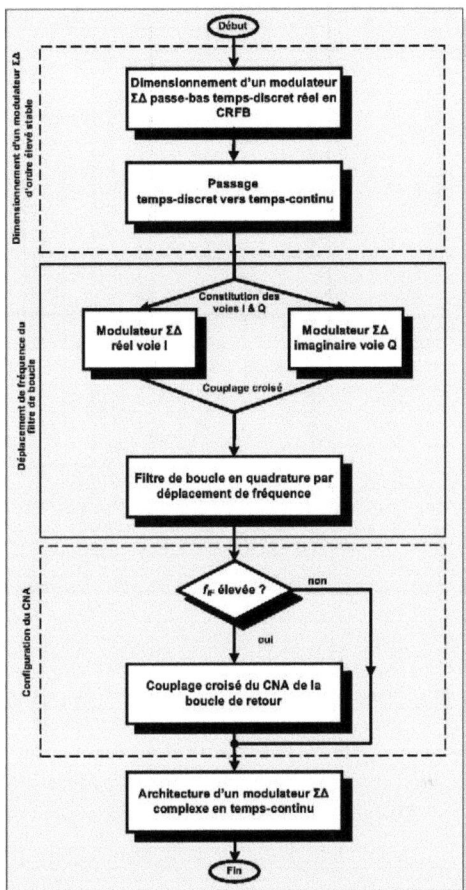

fréquence de la fonction NTF d'exhiber un ou plusieurs zéros de transmission.

Les zéros de la fonction NTF complexe sont fixés par les positions des pôles complexes (filtre), et ainsi par les coefficients g_i. La quantification complexe est réalisée à la sortie, donnant une sortie mono-bit pour chaque canal. Les sorties mono-bit rétroagissent dans les étages du modulateur ΣΔ par le biais des coefficients a_i, qui définissent les positions des pôles de la fonction NTF et de la fonction STF.

𝓕𝓘𝓖𝓤𝓡𝓔 2.17 :
Architecture CRFB générique d'un modulateur ΣΔ en quadrature d'ordre n.

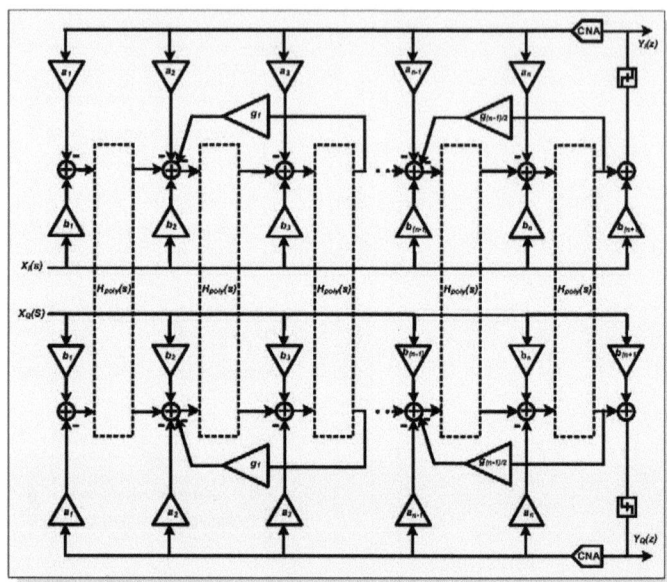

2.5 Dimensionnement du modulateur ΣΔ complexe pour le récepteur multistandard

Dans le paragraphe précédent, nous avons établi une méthode de construction de l'architecture d'un modulateur ΣΔ complexe passe-bande. Afin de réaliser les fonctionnalités allouées au modulateur ΣΔ, nous détaillons dans ce paragraphe le dimensionnement des fonctions NTF et STF complexes. La fonction NTF assurera la rejection du bruit de quantification nécessaire afin d'avoir la dynamique requise pour le CAN dans le contexte multistandard. La fonction STF permettra de rejeter les composantes images ainsi que les interférents contenus dans le signal d'entrée. L'objectif est de synthétiser les fonctions STF et NTF à réaliser et de les identifier avec l'architecture donnée dans la figure 2.17. Ceci permet la finalisation de la stratégie de dimensionnement en ayant l'ordre n du modulateur ΣΔ ainsi que les valeurs des coefficients a_i, b_i et g_i.

Toutes les architectures d'implémentation utilisées pour le modulateur ΣΔ

Figure 2.18 :
Structure
générale d'un
modulateur ΣΔ
mono-étage.

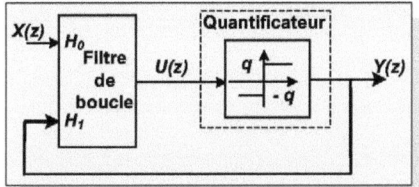

peuvent être décrites par un modèle général [52] représenté dans la figure 2.18. Dans ce schéma, le modulateur est divisé en deux parties : une partie linéaire (le filtre de boucle) contenant l'élément de mémoire, et une partie non linéaire sans mémoire (le quantificateur). Le filtre de boucle est un système à deux-entrée, une pour le signal et une pour la rétroaction, dont sa seule sortie U peut être exprimée comme une combinaison linéaire de ses entrées X et Y selon (2.24).

$$U(z) = H_0(z)X(z) + H_1(z)Y(z) \qquad (2.24)$$

L'opération de quantification est, comme d'habitude, décrite comme l'ajout d'un signal d'erreur donné dans (2.25)

$$Y(z) = U(z) + E(z) \qquad (2.25)$$

En utilisant ces deux équations, la sortie Y peut être écrite comme une combinaison linéaire de deux signaux, à savoir l'entrée du modulateur X et l'erreur de quantification E selon (2.26)

$$Y(z) = STF(z)X(z) + NTF(z)E(z) \qquad (2.26)$$

où

$$NTF(z) = \frac{1}{1-H_1(z)} \text{ et } STF(z) = \frac{H_0(z)}{1-H_1(z)} \qquad (2.27)$$

Inversement, étant donné les fonctions NTF et STF désiré, nous pouvons calculer les fonctions de transfert du filtre de boucle qui sont nécessaires pour les implémenter, à savoir

$$H_0(z) = \frac{STF(z)}{NTF(z)} \text{ et } H_1(z) = 1 - \frac{1}{NTF(z)} \qquad (2.28)$$

Puisque les relations des fonctions NTF et STF s'appliquent indépendamment de la structure du filtre de boucle, le dimensionnement du

2.5 Dimensionnement du modulateur ΣΔ complexe pour le récepteur multistandard

modulateur peut être fait en utilisant la fonction de transfert du filtre du signal $H_0(z)$ et le filtre de rétroaction $H_1(z)$. Le dimensionnement du modulateur ΣΔ est présenté dans ce qui suit selon les spécifications du modulateur données dans le tableau 2.1.

2.5.1 Dimensionnement de la fonction NTF en quadrature

Nous commençons par synthétiser la fonction NTF du modulateur ΣΔ réel par la méthode proposée précédemment et qui répond aux exigences du récepteur. La figure 2.19 illustre la fonction NTF d'un prototype dimensionné de cinquième ordre. L'estimation de l'ordre du modulateur est fait en utilisant le graphe de la figure B.5 de l'annexe B. Un agrandissement dans la bande montre une largeur de bande passante de 20 MHz sur les deux bandes latérales. La fonction NTF présente des paires complexes conjuguées de pôles et de zéros et elle est symétrique autour de DC. En multipliant cette fonction par une exponentielle complexe, nous opérons un déplacement de fréquences autour de f_{IF}, nous obtenons ainsi une fonction NTF complexe [28]. La fonction NTF complexe obtenu présente des pôles et zéros complexes et elle est asymétrique autour du DC (figure 2.20 (b)). Tous les pôles et les zéros peuvent être placés dans la moitié supérieure du cercle unitaire et tous les zéros peuvent être placés à l'intérieur de la bande pour améliorer la fonction de mise en forme du bruit du modulateur ΣΔ. Le bruit de quantification est supprimé à l'intérieur de la bande autour de la fréquence centrale f_{IF}. En outre, la région dans la bande passante de la fonction NTF complexe est deux fois plus large, en raison de la caractéristique complexe de cette fonction NTF.

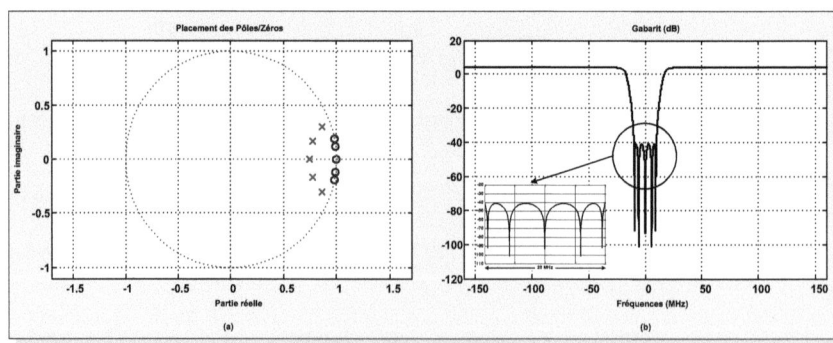

Figure 2.19 : Prototype de la fonction NTF passe-bas: (a) placement des Pôles/zéros, (b) gabarit de la fonction NTF.

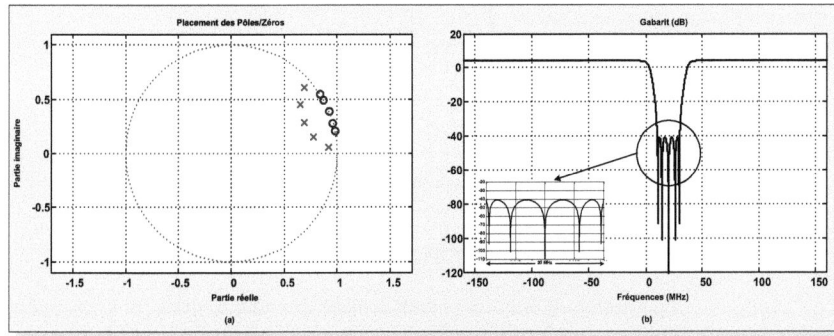

Figure 2.20 : La fonction NTF complexe: (a) placement des Pôles/zéros, (b) gabarit de la fonction NTF complexe.

Le prototype choisi du modulateur ΣΔ est d'ordre 5 (voir annexe B pour le choix de l'ordre du modulateur ΣΔ), ce qui satisfait les performances requises par le récepteur Low-IF amélioré pour les quatre standards selon les spécifications données dans le premier chapitre. La fonction de transfert synthétisée $H_1(z)$ du filtre de boucle est donnée par (2.29).

$$H_1(z) = \frac{0.91685(z^2 - 1.705z + 0.7352)(z^2 - 1.824z + 0.8969)}{(z-1)(z^2 - 1.987z + 1)(z^2 - 1.965z + 1)} \quad (2.29)$$

Une fois que la fonction NTF est synthétisée, nous procédons a identifier cette fonction de transfert avec l'architecture choisie, à savoir la configuration CRFB afin d'avoir les valeurs des coefficients a_i et g_i. L'expression de la fonction de transfert $H_1(z)$ d'ordre n de la configuration CRFB est donnée par l'équation (2.30) [30].

$$H_{1CRFB}(z) = -\left(\sum_{\substack{i\,odd}}^{n} \frac{a_i(z-1)}{z\prod_{j=1}^{\frac{n-i}{2}+1}(z^2 - (2+g_j)z + 1)} + \sum_{\substack{i\,even}}^{n} \frac{a_i}{\prod_{j=1}^{\frac{n-i+1}{2}}(z^2 - (2+g_j)z + 1)} \right) \quad (2.30)$$

En identifiant les équations (2.29) et (2.30), nous obtenons les valeurs des coefficients de rétroaction données dans le Tableau 2.2. Une fois que l'architecture CRFB est validée dans le domaine discret, les intégrateurs sont remplacés par leur équivalent à temps-continu.

2.5 Dimensionnement du modulateur ΣΔ complexe pour le récepteur multistandard

TABLEAU 2.2 :
Coefficient a_i et g_i
de l'architecture
CRFB.

Coefficient	Valeur
a_1	0.0026
a_2	0.0099
a_3	0.0786
a_4	0.3124
a_5	0.6046
g_1	0.035
g_2	0.013

2.5.2 Dimensionnement de la fonction STF en quadrature

La fonction STF forme spectralement le signal d'entrée, et est normalement tenue d'avoir un gain unitaire dans la bande. La fonction STF modifiée permet l'annulation de certaines bandes du spectre d'entrée, pour aider à minimiser des interférents spécifiques avant la conversion, et le rejet d'image par l'intermédiaire du placement stratégique de la fréquence intermédiaire f_{IF}. Ainsi, le dimensionnement différencié de la fonction STF permet de filtrer des interférents en dehors-du-canal et de traiter le signal correctement. Ceci nous permet de rendre la rejection d'image et le processus de sélection du canal post-conversion beaucoup plus flexible. Par conséquent, des améliorations en termes de performances, de consommation de puissance et de surface silicium sont obtenues pour le récepteur Low-IF proposé dans le chapitre 1 (figure 1.9).

La fonction STF présente seulement des coefficients de rétroaction anticipative b_i et partage ces pôles avec la fonction NTF; ce qui économise la surface d'implémentation matérielle et ne présente aucune limitation significative. Les cinq entrées à la structure dans les voies I et Q permettent de placer les cinq zéros de la fonction STF. La fonction de transfert $H_0(z)$ d'ordre n pour l'architecture CRFB est le négatif de $H_{1CRFB}(z)$ donné dans (2.30), avec les b_i remplaçant les a_i dans l'expression, et le b_{n+1} ajouté comme terme constant [30].

$$H_{0CRFB}(z) = \sum_{i\,odd}^{n} \frac{b_i(z-1)}{z\prod_{j=1}^{\frac{n-i}{2}+1}(z^2-(2+g_j)z+1)} + \sum_{i\,even}^{n} \frac{b_i}{\prod_{j=1}^{\frac{n-i+1}{2}}(z^2-(2+g_j)z+1)} + b_{n+1} \quad (2.31)$$

La fonction de transfert synthétisée $H_0(z)$ du filtre de boucle est donnée par (2.32).

$$H_0(z) = \frac{0.0015(z+1)(z^2-1.663z+0.7352)(z^2+1)}{(z-1)(z^2-1.987z+1)(z^2-1.965z+1)} \quad (2.32)$$

En identifiant les équations (2. 31) et (2.32), nous obtenons les valeurs des coefficients de rétroaction données dans le Tableau 2.3.

Tableau 2.3 : Coefficient b_i de l'architecture CRFB.

Coefficient	Valeur
b_1	0.002
b_2	0.0009
b_3	0.007
b_4	0.0035
b_5	0.003
b_6	0.0015

Le placement des pôles-zéros de la fonction STF est donné dans la figure 2.21a, et sa réponse en fréquence dans la figure 2.21 (b). Elle a un gain dans la bande de 0 dB et un rejet hors de la bande de plus de 57 dB. Un zéro de la fonction STF est placé au centre de la bande image (20 MHz), comme une technique pour aider à minimiser la dégradation du SNR et le rejet de l'image due à la disparité du composant [93]. Une fonction de filtrage passe-bande complexe est réalisée en plaçant les quatre zéros de la fonction STF au début de chaque canal adjacent. Ainsi, le filtrage implicite pour des interférents en dehors-de-canal est accompli.

2.5.3 Illustration du dimensionnement multistandard

La méthodologie de dimensionnement du modulateur $\Sigma\Delta$ est récapitulée dans la figure 2.22. Les fonctions NTF et STF sont synthétisées en tenant compte des spécifications sur le modulateur $\Sigma\Delta$ à temps-discret en termes de dynamique et de rejection d'image. Ensuite, les valeurs des coefficients a_i, g_i et

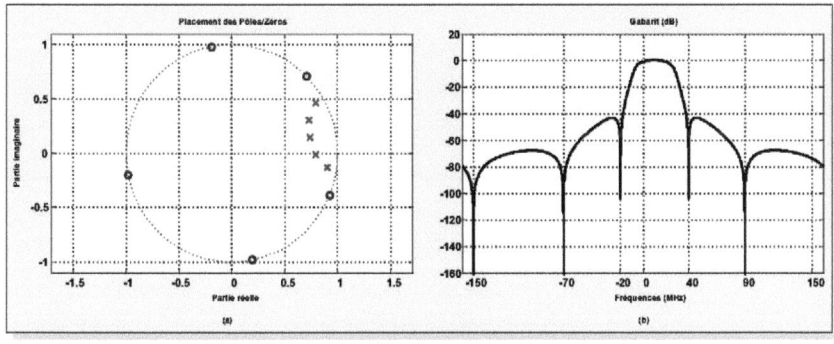

Figure 2.21 : La fonction STF complexe: (a) placement des Pôles/zéros, (b) gabarit de la fonction STF complexe.

2.5 Dimensionnement du modulateur ΣΔ complexe pour le récepteur multistandard

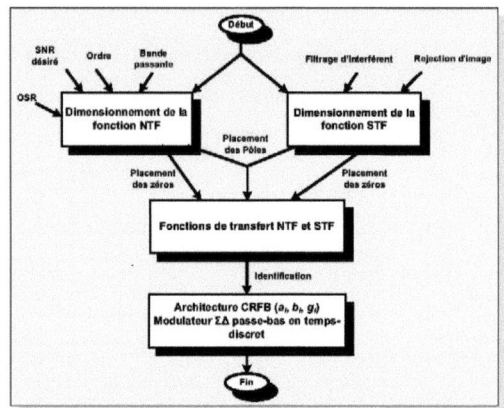

FIGURE 2.22 :
Organigramme du
dimensionnement
des fonctions NTF
et STF.

b_i seront utilisés dans la structure générique complexe et à temps-continu de la figure 2.17. La stratégie du dimensionnement est complétée par l'organigramme de la figure 2.16, où les étapes de déplacement de fréquences autour de f_{IF} et la configuration du CNA en quadrature sont achevées.

Cette méthodologie a été appliquée pour le dimensionnement d'un modulateur ΣΔ complexe passe-bande à temps-continu d'ordre cinq selon les spécifications des différents standards donnée dans le tableau 1.2 du chapitre 1 ainsi qu'à l'annexe B. Les fonctions NTF et STF complexes sont déjà donnés dans les paragraphes précédents comme exemple illustratif du dimensionnement (figures 2.20 et 2.21 respectivement). Pour illustrer l'aspect multistandard du modulateur et son aptitude a remplacé les éléments éliminés dans l'architecture Low-IF modifiés, plusieurs simulations ont été réalisées.

Des simulations en temps-continu ont été effectuées sur le modulateur ΣΔ décrit par la figure 2.17 pour plusieurs configurations du signal d'entrée. Un spectre de sortie est montré dans la figure 2.23 (a) pour un signal sinusoïdal d'entrée à moitié-échelle. Il confirme notre hypothèse : le placement approprié des zéros de mise en forme de bruit en utilisant un filtre de boucle complexe peut réaliser une mise en forme de bruit asymétrique. La figure montre le spectre complet de $-F_e/2$ à $F_e/2$, et la réponse fréquentielle "complexe" n'est pas symétrique autour de DC. La figure 2.23 (b) montre un agrandissement de la région dans la bande utile. Le spectre de sortie présente une raie complexe dans une bande de bruit centrée à 20 MHz comme prévu, et cinq zéros visibles dans la bande de 20 MHz.

CHAPITRE 2   DIMENSIONNEMENT du MODULATEUR ΣΔ COMPLEXE PASSE-BANDE à TEMPS-CONTINU

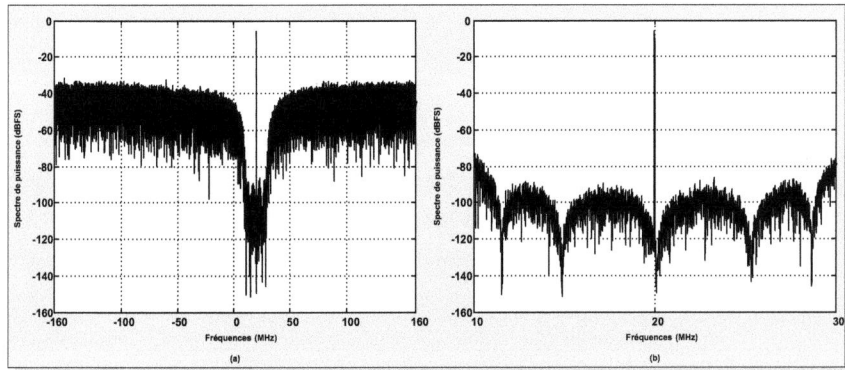

FIGURE 2.23 : (a) Spectre de la sortie du modulateur ΣΔ PBQ en temps-continu, (b) agrandissement de la bande utile.

Pour prouver le caractère de filtrage implicite des bloqueurs des canaux adjacents conçu dans le modulateur ΣΔ, nous avons réalisé des simulations avec une raie dans la bande passante et une raie au début de chaque canal adjacent. Les interférents sont appliqués avec la pleine échelle de puissance. Le spectre de puissance de la sortie du modulateur ΣΔ complexe à temps-continu, donné dans la figure 2.24, montre l'atténuation totale de tous les interférents en dessous du niveau du bruit. Ceci démontre clairement le filtrage implicite des interférents par le modulateur ΣΔ et la possibilité de supprimer le filtre en bande de base.

Une autre caractéristique intéressante du modulateur ΣΔ conçu est la bonne rejection d'image obtenu quand nous présentons une disparité dans la phase et

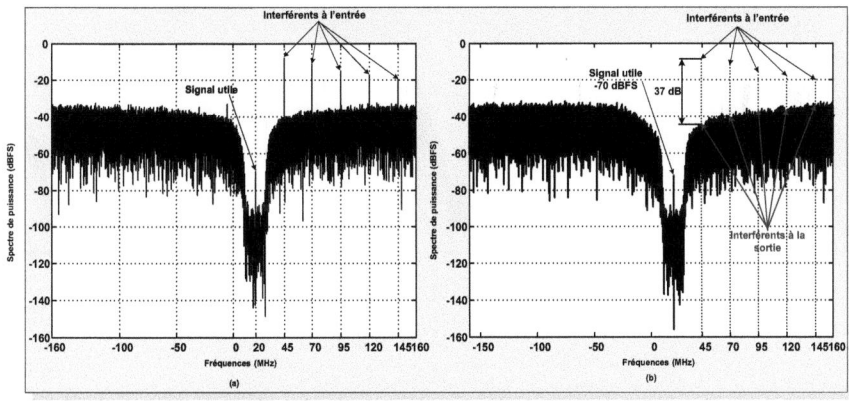

FIGURE 2.24 : Spectre de la sortie du modulateur ΣΔ complexe avec 6 raies d'entrées pour (a) une fonction STF plate, (b) un dimensionnement différencié de la fonction STF.

2.5 Dimensionnement du modulateur ΣΔ complexe pour le récepteur multistandard

l'amplitude entre les voies I et Q. Le spectre de la figure 2.25 (a) montre une rejection d'image mesurée de 23 dB pour une fonction STF plate avec une disparité de 20 % du gain et de phase entre les voies I et Q. La fonctionnalité de la fonction STF différenciée est également apparente dans la figure 2.25 (b) où il y a une rejection d'image mesurée de 36 dB. Cet aspect est réalisé à partir des rejets appliqués à la fréquence -20 MHz dans la fonction STF à travers l'emplacement d'un zéro dans la bande image. La fréquence image n'est pas totalement éliminée, le niveau du bruit de quantification intrinsèque au modulateur ΣΔ reflète sa nouvelle valeur. Par contre, les contraintes de réalisation du filtre de rejection d'image sont relaxées avec le filtrage implicite de l'image achevé par le modulateur ΣΔ.

Des simulations sur 65536 points ont été effectuées pour différentes amplitudes avec une entrée sinusoïdale complexe à fréquence fixe à la limite de la bande. Un tracé du rapport SNR par rapport à l'amplitude d'entrée est montré dans la figure 2.26 (a). Un SNR maximal est obtenu pour un signal d'entrée de -3 dBFs (par rapport à la pleine échelle) dans le modulateur ΣΔ. Un SNR maximal de 113 dB, 105 dB, 96 dB, 80 dB est obtenu respectivement pour les standards GSM, Bluetooth, UMTS et WiMAX. Du point de vue linéarité, la mesure de la distorsion d'intermodulation pour des signaux d'entrée de -6 dBFS est donnée dans la figure 2.26 (b). La distance IM3 mesurée est de -84 dB exhibant la bonne linéarité du modulateur ΣΔ dimensionné. Le tableau 2.4 résume les

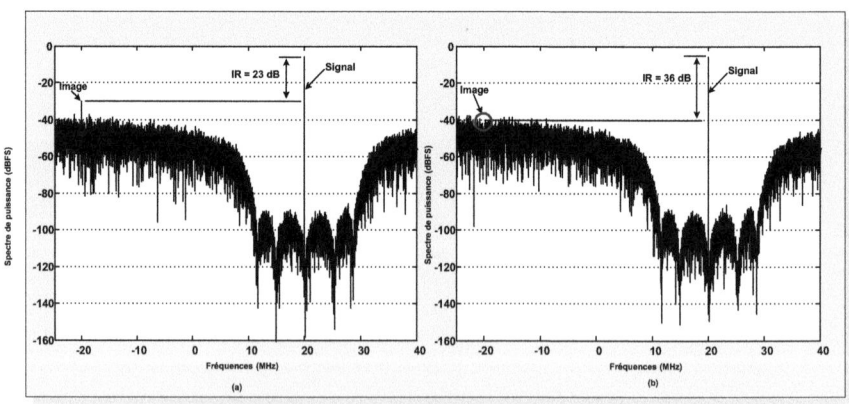

Figure 2.25 : Réjection d'image du modulateur ΣΔ PBQ en temps-continu pour (a) une fonction STF plate, (b) un dimensionnement différencié de la fonction STF.

65

CHAPITRE 2   DIMENSIONNEMENT du MODULATEUR ΣΔ COMPLEXE PASSE-BANDE à TEMPS-CONTINU

TABLEAU 2.4 :
Principales
performances du
modulateur ΣΔ.

Ordre		5		
Atténuation des interférents		37 dB		
Rejection d'image		36 dB		
IMR		-84 dB		
Standard	GSM	Bluetooth	UMTS	WiMAX
SNR_{max} (dB)	113	105	96	80
Résolution (bit)	18	17	15	12

principales performances du modulateur. Ces performances montrent bien que le modulateur ΣΔ complexe passe-bande à temps-continu de cinquième ordre que nous avons dimensionné satisfait bien les spécifications dégagées dans le premier chapitre pour le récepteur Low-IF amélioré.

2.6 Conclusion

Dans ce chapitre nous avons rappelé les concepts de base de la conversion A/N de type sigma delta. Le sur-échantillonnage, la mise en forme du bruit, la modulation ΣΔ ainsi que la décimation ont été brièvement revus. Le choix d'un modulateur ΣΔ complexe à temps-continu mono-étage mono-bit est fait suivant une étude comparative basée sur un compromis entre linéarité, dissipation de puissance, fréquence d'échantillonnage et dynamique. La construction d'une architecture générique du modulateur ΣΔ complexe à temps-continu est élaborée suivant une méthodologie originale. Les éléments de base de cette architecture sont les deux modulateurs ΣΔ (voie I et Q) passe-bas à temps-continu en couplage croisé par des filtres polyphase autour de la fréquence IF. La conception d'un CNA complexe est prévue dans le cas de l'utilisation de fréquence centrale élevée. Le dimensionnement multistandard du modulateur ΣΔ est obtenu à travers une stratégie complètement automatisée. En effet, la fonction NTF en quadrature est dimensionnée à partir d'un prototype passe-bas d'ordre élevé stable qui sera décalé vers la fréquence centrale désiré. Un dimensionnement différencié de la fonction STF nous permet de réduire le problème de la fréquence image et d'éliminer les bloqueurs hors de la bande et de sélectionner ainsi la bande désirée. Un modulateur $\Sigma\Delta$ complexe passe-bande à temps-continu de cinquième ordre a été dimensionné selon les spécifications des standards GSM, Bluetooth, UMTS et WiMAX pour illustrer la méthodologie proposée. Les résultats de simulation montrent les bonnes performances de ce modulateur et son aptitude a remplacer les étages éliminés dans le récepteur Low-IF amélioré proposé dans le premier chapitre.

CHAPITRE 3

Conception du Modulateur ΣΔ avec la méthode descendante 'Top-down'

3.1 Introduction

Les circuits mixtes sont des circuits contenant des composants analogiques et numériques. Les exemples incluent les comparateurs, les PLLs, les CANs et les CNAs. Ces circuits jouent un rôle critique dans l'industrie de l'électronique. Dans la gestion du réseau et les communications sans fil, ils jouent un rôle central. Tous les systèmes de communications doivent se connecter aux supports de communications physiques, et les médias sont, par définition, analogiques. En outre, la conception des circuits mixtes est un élément clé pour surmonter les goulots d'étranglement qui existent dans tous les systèmes de communication à hautes performances.

La conception des circuits mixtes devenant de plus en plus complexes et la volonté d'obtenir des conceptions "exactes" dès le premier essai fait que le modèle de conception ascendant 'Bottom-up' traditionnel n'est plus adéquat [94]. Il faut adopter un processus plus rigoureux pour la conception et la vérification : la conception descendante 'Top-Down'. Elle implique une conception récursive de l'architecture avant de concevoir les étages. Elle exige aussi une méthodologie de conception qui souligne la communication, la planification, et la transition en douceur depuis le concept initial jusqu'à l'implémentation, avec, à chaque étape une vérification et une simulation.

Ce chapitre propose une étude sur la conception du modulateur ΣΔ selon l'approche de conception descendante 'Top-Down'. En premier lieu, la problématique de la conception des circuits mixtes est abordée. En second lieu, les différentes approches de conception sont discutées. Ensuite, les différentes étapes de conception sont exposées. Enfin, la conception du modulateur ΣΔ en quadrature et à temps-continu avec l'approche descendante est présentée à travers la modélisation comportementale des différents étages et des effets de non-linéarité en utilisant le langage VHDL-AMS.

3.2 Approches traditionnelles pour la conception des circuits mixtes

La conception des systèmes à signaux mixtes (analogiques et numériques) est devenue de plus en plus complexe. Les défis viennent sous cinq formes différentes : la nécessité d'achever la conception rapidement, la nécessité de réaliser des conceptions plus larges et plus complexes, le besoin d'augmenter la prévisibilité du processus de conception, la nécessité de réutiliser des conceptions existantes dans le but de développer de nouvelles conceptions plus rapidement et à faible coût, et enfin la nécessité de relaxer les exigences de conception.

3.2.1 La conception ascendante 'Bottom-Up'

L'approche traditionnelle de conception est connue sous la forme de conception ascendante 'Bottom-up'. Dans cette approche, le processus de conception commence par la conception des différents étages, qui sont ensuite assemblés pour former le système. La conception des étages commence par un ensemble de spécifications et se termine par une implémentation au niveau transistor. Chaque étage est vérifié comme une unité autonome vis-à-vis des spécifications et non pas dans le contexte global du système. Une fois vérifiés individuellement, les étages sont ensuite assemblés et vérifiés ensemble. A ce point, l'ensemble du système est représenté au niveau transistor.

Le principe de la conception ascendante 'Bottom-up' continue d'être efficace pour des systèmes simples, ce qui n'est plus le cas pour des systèmes complexes pour les raisons suivantes : [95-96]

1. Une fois les étages assemblés, la simulation prend beaucoup de temps

3.2 Approches traditionnelles pour la conception des circuits mixtes

et la vérification devient difficile, voire impossible. La quantité de vérification doit être réduite pour répondre aux contraintes de temps de calcul. L'insuffisance de vérification peut causer le retard de projets en raison du besoin de prototypes supplémentaires en silicium.

2. Pour les systèmes ou circuits complexes, l'impact des défauts sur les performances, le coût et la fonctionnalité est typiquement trouvé au niveau architectural. Avec un modèle de conception ascendante 'Bottom-up', peu ou pas d'exploration architecturale est effectuée, et ainsi ces types d'améliorations sont souvent manqués.

3. Toutes les erreurs ou tous les problèmes trouvés en assemblant le système sont coûteux à résoudre, car ils impliquent la reconception des étages.

4. La communication entre les concepteurs est critique, pourtant une approche informelle et sujette aux erreurs de communication est utilisée. Afin d'assurer que la totalité de la conception fonctionne correctement quand les étages sont assemblés, les concepteurs doivent être proches et doivent communiquer souvent. Avec la capacité limitée de vérifier le système, n'importe quel échec dans la communication pourrait avoir comme conséquence le besoin de prototypes additionnels en silicium.

5. Plusieurs étapes importantes et coûteuses dans le processus de conception ascendante 'Bottom-up' doivent être réalisées en série, ce qui étale le temps requis pour terminer la conception. Les exemples incluent la vérification au niveau système et le développement de test.

Le nombre de concepteurs qui peuvent être employés dans un processus de conception ascendante est limité par le besoin de communication intensive entre les concepteurs et le caractère intrinsèquement série de plusieurs étapes de cette méthode.

3.2.2 Migration vers la conception descendante 'Top-Down'

Afin de relever l'ensemble de ces défis, de nombreuses équipes de conception sont à la recherche, ou ont déjà mis en œuvre, une méthodologie de conception descendante 'top-down' [95-97]. Dans une approche descendante primitive

[98], l'architecture du circuit ou du système est définie par un schéma fonctionnel, puis elle simulée et optimisée en utilisant un simulateur de niveau comportemental tel que MATLAB ou SIMULINK. De la simulation à haut niveau, les exigences pour les différents étages au niveau circuit sont alors définies. Les circuits sont ensuite conçus individuellement pour répondre à ces spécifications. Enfin, la puce entière est définie et vérifiée par rapport aux exigences originales.

Ceci représente une vision largement répandue de ce qu'est la conception descendante. Alors que c'est un pas vers la conception descendante, il aborde seulement une des étapes de la conception ascendante (point du paragraphe précédent). En effet, cette méthode de conception n'a pas fondamentalement changé le processus de conception ascendante puisqu'elle a simplement ajouté une étape architecturale d'exploration au début.

De plus, le défaut de cette approche est qu'il y a une discontinuité importante dans le flux de conception qui résulte de la représentation architecturale utilisée au cours de la phase d'exploration et qui est incompatible avec la représentation utilisée au cours de l'implémentation [99]. Cette discontinuité liée à l'utilisation d'un langage haut niveau (comportemental) pour la description du système et à l'utilisation d'un langage bas niveau pour la conception des étages (niveau transistor), crée deux problèmes graves. D'abord, il laisse les concepteurs des étages sans méthode efficace pour s'assurer que tous les étages fonctionnent ensemble. On pourrait assembler les représentations au niveau transistor des étages et effectuer des simulations, mais elles seraient trop lentes pour être efficaces. La première fois que les étages peuvent être entièrement testés ensemble est au niveau silicium, et à ce point toutes les erreurs trouvées déclenchent une reconception. En second lieu, la discontinuité rend les communications entre concepteurs plus difficiles, provoquant ainsi une séparation entre les concepteurs niveau système et les concepteurs niveau circuit, et entre les concepteurs au niveau circuit aussi. En absence d'un canal de communication fiable, les concepteurs recourent à l'utilisation de spécifications verbales ou écrites, souvent inachevées, mal transmises, et oubliées au cours du projet. C'est la pauvreté du processus de communication qui crée un grand nombre d'erreurs et forcent les reconceptions, et c'est la séparation utilisé lors du processus de conception des étages qui cache les erreurs jusqu'à ce que la conception globale soit disponible au niveau silicium.

Pour surmonter ces problèmes, il est nécessaire de définir une méthodologie de conception qui :

1. améliore la communication entre les concepteurs au niveau système et les concepteurs au niveau transistor, entre les concepteurs au niveau transistor, entre les concepteurs actuels et les concepteurs futurs (pour supporter la réutilisation).
2. élimine la discontinuité qui sépare les concepteurs au niveau système des concepteurs au niveau transistor provoquant la non détection de certaines erreurs.
3. améliore la vérification permettant la détection d'erreurs qui causent les ré-conceptions.
4. améliore l'efficacité de concepteur.
5. réorganise les tâches de conception, les rendant plus parallèles et éliminant les longues dépendances série.
6. réduit le besoin de vérification finale étendue au niveau transistor.
7. élimine les ré-conceptions.

3.3 Méthodologie de conception descendante 'Top-Down'

Un processus de conception descendante procède méthodiquement de l'architecture à la conception au niveau transistor. Chaque niveau est entièrement conçu avant de passer au suivant et chaque niveau est entièrement validé pour la conception du prochain. Un processus de conception descendante formalise et améliore également la communication entre les concepteurs.

Une méthodologie de conception descendante proposée et décrite ici (figure 3.1) est une amélioration substantielle du processus descendant primitif décrit dans la section précédente. Elle suit les directives décrites précédemment afin d'aborder tous les problèmes liés à la conception montante. Cette méthodologie

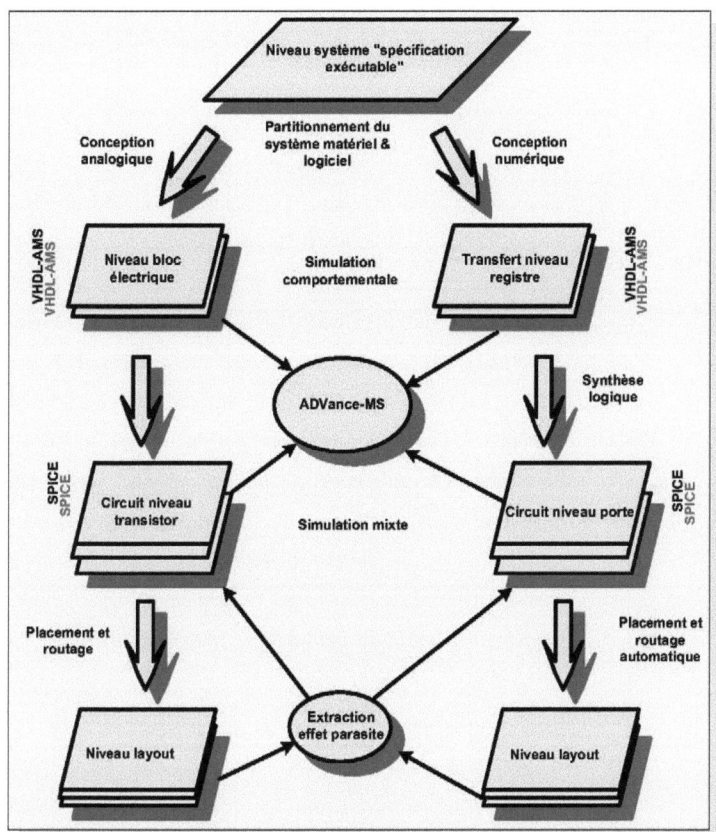

*Figure 3.1 :
Méthodologie
de conception
descendante
'Top-down'.*

commence avec le concept du système complet, puis elle le divise en de plus petits composants (figure 3.1).

Le premier niveau de conception avec lequel la conception descendante 'top-down' débute est le niveau système. Ce niveau est appelé concept d'ingénierie puisqu'il commence par une idée du système désiré [100]. Le concept de système et les algorithmes principaux sont décrits à un niveau très abstrait sans informations sur l'implémentation des algorithmes. Si un modèle de simulation au niveau système existe, il peut être utilisé comme "spécification exécutable" [101]. Ainsi, si les spécifications au niveau système ont été vérifiées avec succès à l'aide d'une simulation au niveau système, le système est alors partitionné. Les algorithmes du système peuvent être implémentés sous différentes formes :

3.3 Méthodologie de conception descendante 'Top-Down'

- matériel analogique,
- matériel numérique,
- logicielle.

Le système est maintenant divisé en plusieurs sous-systèmes matériels (analogique ou numérique) et logiciels. Ce niveau de conception est appelé niveau étage. La description des sous-systèmes contient à ce niveau plus de détails sur l'architecture de conception. À ce niveau, la conception se compose des étages constitutifs des différents sous-systèmes. L'objectif principal de cette phase est la modélisation précise des étages et de leurs interfaces. Les étages constitutifs sont alors modélisés en utilisant un langage de description matérielle de signaux mixtes (MS-HDLs) comme le VHDL-AMS [102-103]. La simulation comportementale au niveau étage est effectuée sous l'environnement ADVance-MS. La première phase de simulation permet de vérifier le bon fonctionnement de chaque étage tout seul. Ensuite, les étages constitutifs de chaque sous-système sont assemblés et simulé afin de vérifier si ces sous-systèmes satisfont les spécifications au niveau système.

Une fois les étages spécifiés, la conception des circuits peut commencer. Dans le domaine numérique, les conceptions au niveau porte peuvent être générées automatiquement à partir des modèles comportementaux. Cependant, pour les étages analogiques il n'y a pas encore d'outil de synthèse disponible. Sans outil de synthèse analogique, la conception analogique est faite en convertissant les spécifications en circuits. Même si ceci permet plus de créativité et donne parfois de meilleures performances, cela peut aussi engendrer plus d'erreurs.

Pour surmonter ce problème, la simulation mixte est utilisée dans la méthodologie de conception descendante pour les circuits analogiques et mixtes [104-105]. Ceci représente un départ significatif, mais essentiel à partir de la méthodologie de conception numérique. La simulation mixte permet la simulation de mélange de modèles comportementaux et de circuits au niveau transistor. La simulation mixte est nécessaire pour montrer que les étages fonctionnent comme conçus dans le système global.

Tout d'abord, le circuit au niveau transistor de l'étage est déterminé et vérifié par une simulation analogique au niveau SPICE. Ensuite, le modèle comportemental de l'étage est remplacé dans le système global par le circuit niveau transistor déterminé. Après, la simulation mixte du système global composé d'un mélange de modèles comportementaux avec des modèles transistors est lancée. L'étage est ainsi vérifié dans le cadre du système, et il est facile de voir l'effet des imperfections de l'étage sur les performances du système. La simulation mixte exige que les concepteurs au niveau système et au niveau étage utilisent le même simulateur et qu'il soit bien adapté pour la simulation niveau comportementale et transistor. Le simulateur mixte ADVance-MS intégré dans l'environnement analogique de conception de CADENCE [106] supporte ce type de simulation mixte.

La simulation mixte permet un partage normal d'information entre les concepteurs au niveau système et les concepteurs au niveau étage. Lorsque le modèle au niveau système est passé au concepteur au niveau étage, le modèle comportemental d'un étage devient des spécifications exécutables et la description du système devient un banc d'essai exécutable pour l'étage. Lorsque la conception au niveau transistor de l'étage est complète, elle est facilement incluse dans la simulation au niveau système.

L'utilisation réussie de la simulation mixte exige une planification rigoureuse ainsi que de la prévoyance. Et même après, il n'y a aucune garantie qu'elle trouvera tous les problèmes avec une conception. Cependant, elle mettra en évidence beaucoup des problèmes assez tôt dans le processus de conception, avant les simulations de la puce complète, là où ils sont beaucoup moins coûteux à corriger. Avec la simulation mixte, il est possible de faire les essais qui sont beaucoup trop chers en terme de calcul à faire avec la simulation de la puce complète.

Une fois la vérification de la fonctionnalité de tous les étages avec la simulation au niveau transistor dans le cadre du système (simulation mixte) réalisée, le layout peut être développée. Avec le layout le flot de conception descendant est terminé. La conception du layout ne fait pas partie de ce travail de recherche. Il est possible d'extraire les effets parasites à partir de la simulation au niveau du layout qui peut être employée pour améliorer l'exactitude de la simulation au niveau transistor.

3.4 Conception descendante du modulateur ΣΔ

La méthodologie de conception descendante 'top-down' [107] est utilisé pour la conception d'un modulateur ΣΔ en quadrature et à temps-continu d'ordre cinq suivant les spécifications dégagées dans les chapitres précédents. On se limitera dans ce paragraphe à la présentation de la modélisation comportementale du modulateur ainsi qu'à l'étude de quelques effets de non-linéarité pouvant affecter son fonctionnement. L'étape de vérification par la simulation mixte sera traitée dans le chapitre suivant.

3.4.1 Modélisation comportementale du modulateur ΣΔ en quadrature et à temps-continu

Les modulateurs ΣΔ à temps-continu, par leur nature, sont des systèmes à signaux mixtes [95]. Ce fait crée une discontinuité dans le flux traditionnel de conception du circuit intégré qui suppose que les conceptions à temps-discret et à temps-continu exigent des outils de conception séparés. Dans ce contexte les simulations comportementales sont alors inévitables. L'utilisation d'un langage de description comportementale comme le VHDL-AMS, fournit un moyen

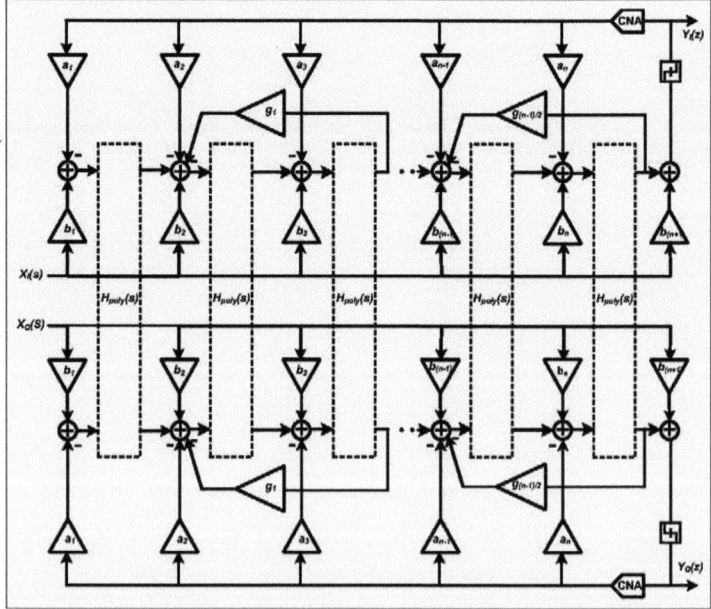

Figure 3.2 : Structure de modulateur ΣΔ en quadrature d'ordre 5 avec la structure CRFB.

d'utiliser à la fois la simulation de circuit temporelle et événementielle [104]. Dans ce qui suit, nous illustrons quelques modèles comportementaux [108] des étages fonctionnels de base nécessaires pour créer un modulateur ΣΔ en quadrature et à temps-continu (figure 3.2). Notre ensemble d'étages de base comprend les modèles comportementaux temps-discret/temps-continu suivants : quantificateur, CNA avec non-retour à zéro (NRZ), étage de sommation, intégrateur, et générateur d'horloge.

3.4.1.1 Générateur d'horloge

Le générateur d'horloge produit un signal périodique temporel qui synchronise l'ensemble des éléments. On modélise alors un signal dont on veut qu'il soit représentatif des défauts principaux d'un signal réel à savoir un retard, un front de monté et un front de descente. La figure 3.3 illustre les résultats de simulation de ce générateur d'horloge, avec des largeurs de front montant/descendant nul et non-nul, t_m et t_d étant les temps de montée et de descente respectivement.

3.4.1.2 Quantificateur

Le quantificateur mono-bit nécessaire pour le modulateur ΣΔ est donné dans la figure 3.4. Il est constitué d'un comparateur suivi d'un étage de décision basé

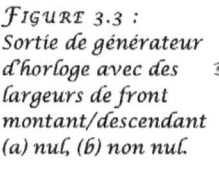

Figure 3.3 :
Sortie de générateur
d'horloge avec des
largeurs de front
montant/descendant
(a) nul, (b) non nul.

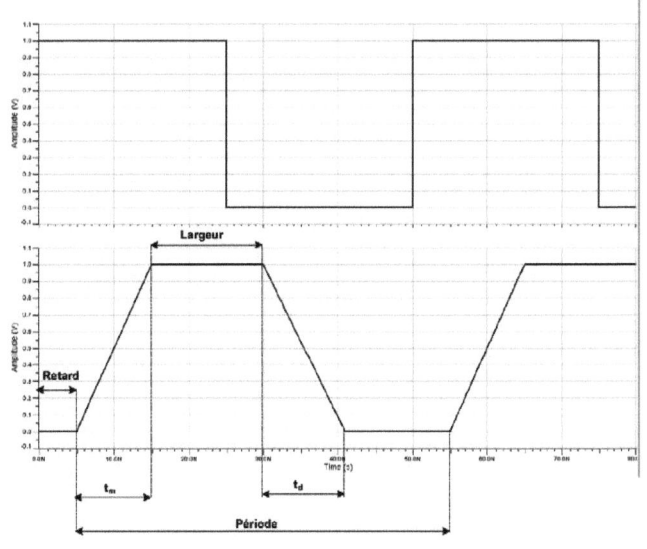

3.4 Conception descendante du modulateur ΣΔ

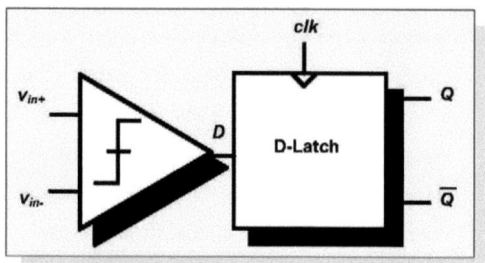

FIGURE 3.4 : Quantificateur composé d'un comparateur et d'une D-Latch.

sur une bascule D-Latch.

Le comparateur est un circuit qui compare un signal analogique à un autre signal analogique ou à une référence, et produit un signal binaire basé sur cette comparaison. Le mode de fonctionnement du comparateur est montré dans la figure 3.5. Le comparateur est sensible à la traversée du seuil: dès que la tension d'entrée v_{in} franchit un seuil de tension, le comparateur reprend et recalcule la valeur du signal numérique de sortie D. Ici, le niveau de décision est fixé à 0.

L'étage d'échantillonnage utilise une bascule D à verrouillage ou D-Latch, qui mémorise l'état à la sortie du comparateur à un instant donné défini par l'horloge. La figure 3.6 illustre l'échantillonnage synchronisé par l'horloge. En

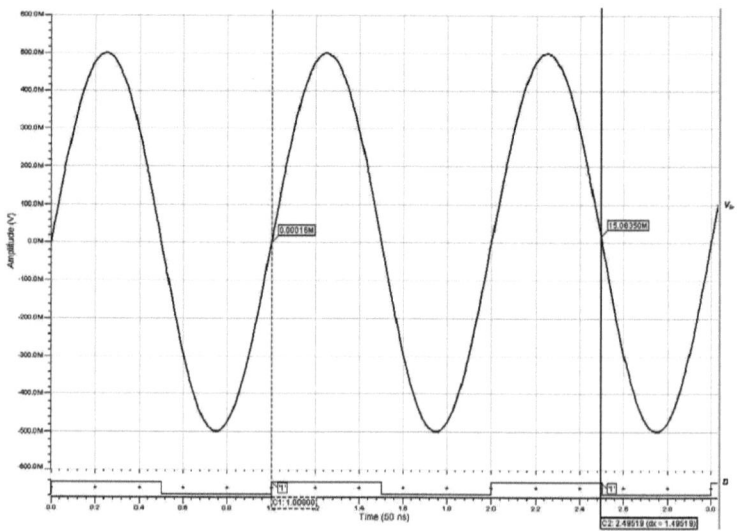

FIGURE 3.5 : Sortie du comparateur pour un seuil de comparaison nul.

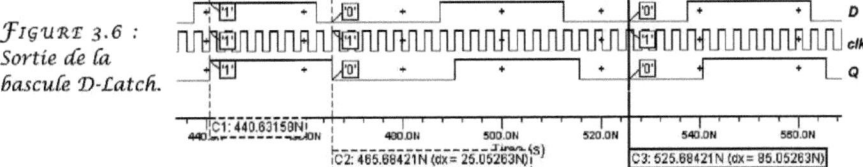

FIGURE 3.6 :
Sortie de la
bascule D-Latch.

effet, la sortie reproduit le signal d'entrée D lorsque le signal d'horloge est à 1. La bascule est alors transparente. Lorsque l'horloge est au niveau bas, la sortie garde sa dernière valeur quelle que soit la valeur du signal présente sur l'entrée D.

3.4.1.3 CNA avec non-retour à zéro

Le CNA NRZ est modélisé par un commutateur synchronisé de tension qui commutera entre ses deux tensions de références si l'entrée du CNA a changé avant un front montant de l'horloge. Son modèle incorpore également le changement retardé et les différentes vitesses de balayage pour les fronts montant et descendant. La figure 3.7 montre le mode de fonctionnement du CNA NRZ. La sortie du CNA bascule entre les deux valeurs -1 et 1. Pour un niveau haut de l'horloge, si l'entrée numérique du CNA est 1, la sortie prend la valeur 1. Dans le cas contraire, le CNA commute vers la valeur -1. Afin d'éviter des transitions brusques pendant la commutation, le comportement du CNA présente des rampes de montée et de descente.

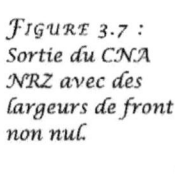

FIGURE 3.7 :
Sortie du CNA
NRZ avec des
largeurs de front
non nul.

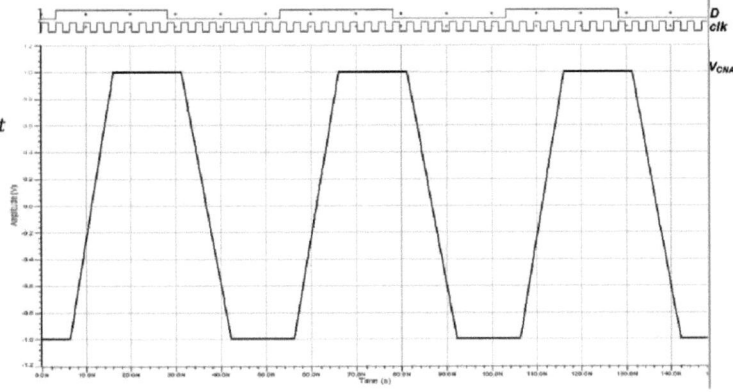

3.4 Conception descendante du modulateur ΣΔ

3.4.1.4 Simulation au niveau système

Pour valider l'architecture de la figure 3.2 et estimer ses performances, une simulation au niveau système en utilisant les modèles comportementaux présentés ci-dessus a été effectuée. La fréquence d'entrée est $f_{IF} = 20$ MHz et la fréquence d'échantillonnage $f_e = 320$ MHz, selon les spécifications dégagées dans le chapitre précèdent.

Une analyse temporelle du modulateur ΣΔ d'ordre cinq en quadrature et à temps-continu est réalisée. Les entrées analogiques en phase et en quadrature, I et Q, ainsi que le train binaire de sortie sont présentées dans la figure 3.8. L'analyse spectrale du modulateur donné dans la figure 3.9 présente une raie complexe dans une zone centrée à 20 MHz. Une vue élargie de la bande utile montre cinq zéros visibles à travers la bande. Notons que le spectre n'est pas symétrique par rapport à DC.

3.4.2 Modélisation des effets de non-idéalités

Les modulateurs ΣΔ à temps-continu souffrent des dégradations de performances dues aux non-idéalités telles que l'excès de retard dans la boucle de retour et l'effet de jitter. Cependant, en raison de leurs différents mécanismes et leurs différents points d'apparition dans le modulateur, leurs

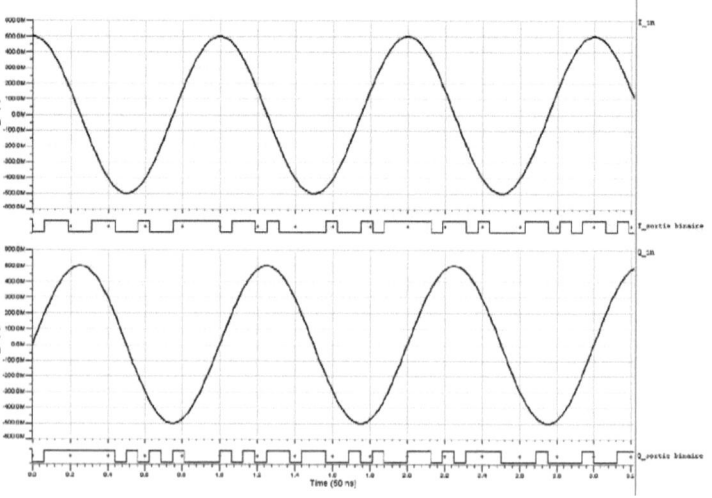

Figure 3.8 : Les signaux d'entrées I et Q et le train binaire à la sortie des voies I et Q.

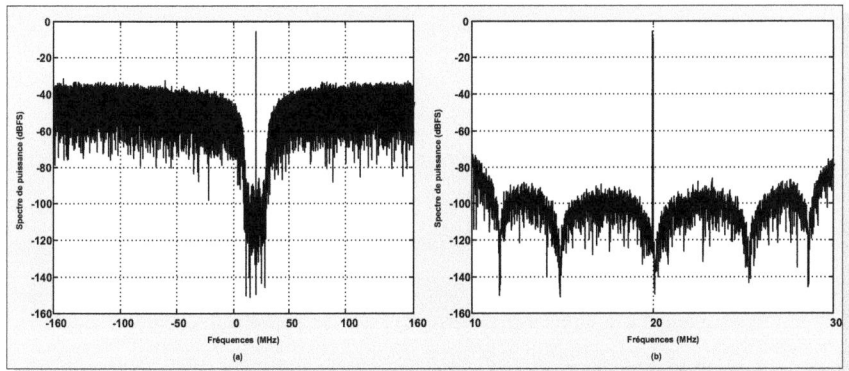

$\mathcal{FIGURE}$ 3.9 : (a) Spectre de sortie du modulateur $\Sigma\Delta$ en quadrature et à temps-continu. (b) vue élargie de la bande utile du spectre donné en (a).

effets sont différents. Une compréhension précise de ces phénomènes non-idéaux permet d'estimer les limites du modulateur et par conséquent permet de remédier à ces effets. Dans ce paragraphe, les principales non-idéalités du modulateur $\Sigma\Delta$ à temps-continu sont modélisées et leurs effets sont évalués [109].

3.4.2.1 Excès de retard dans la boucle

Idéalement, le quantificateur et les courants du CNA réagissent immédiatement aux fronts d'horloge. Mais dans la pratique, les transistors dans le quantificateur et le CNA ne peuvent pas commuter immédiatement, et par conséquent, il y a un retard entre le front d'horloge et la réponse du quantificateur et le CNA : ce retard est ainsi appelé *excès de retard dans la boucle de retour*. Cet excès provient principalement du retard du quantificateur et du temps fini de commutation des cellules du CNA [67].

Principalement, l'excès de retard dans la boucle provoque des effets de non-idéalités dans le modulateur $\Sigma\Delta$ à temps-continu [110]. L'impulsion du CNA est décalée de sorte qu'une partie de celui-ci se prolonge dans l'instant d'échantillonnage suivant. Cet effet est montré dans la figure 3.10 pour un CNA avec non-retour à zéro, $r_{NRZ}(t)$ est l'impulsion rectangulaire associé.

La transformation du modulateur $\Sigma\Delta$ du temps-discret vers le temps-continu est faite pour une forme spéciale de l'impulsion de rétroaction du CNA

3.4 Conception descendante du modulateur ΣΔ

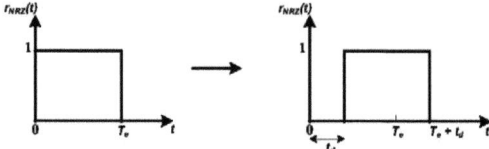

FIGURE 3.10 :
Excès de retard
dans la boucle pour
un CNA NRZ.

[91]. Par conséquent, un déplacement de l'impulsion dans le cycle d'horloge suivant augmente l'ordre du modulateur à temps-discret équivalent par un [110]. La dégradation des performances et même l'instabilité peuvent se produire. Pour évaluer comment l'excès de retard dans la boucle affecte les performances de la mise en forme du bruit, la simulation dans le domaine temporel a été réalisée en utilisant l'environnement ADVance-MS.

Un modèle de l'excès de retard dans la boucle a été développé et appliqué au quantificateur et au CNA de rétroaction. Ce modèle comportemental permet de contrôler la valeur de l'excès de retard dans la boucle.

La figure 3.11 présente le spectre de la sortie du modulateur pour le cas sans retard et le cas où l'excès de retard dans la boucle est égal respectivement à 30% et 100% de la période d'échantillonnage. On remarque que le spectre est pratiquement inchangé avec 30% d'excès de retard dans la boucle. On peut

FIGURE 3.11 :
Effet de l'excès de
retard dans la
boucle sur le
spectre de sortie du
modulateur ΣΔ.

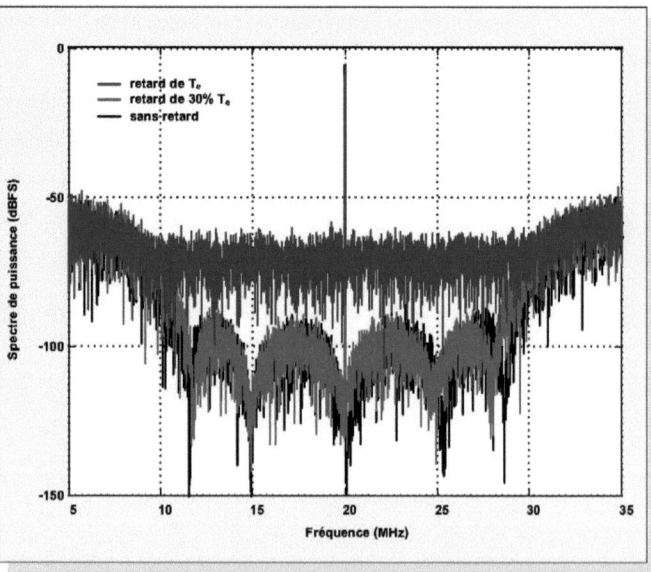

FIGURE 3.12 :
Dégradation du
SNR en fonction de
l'excès de retard
dans la boucle.

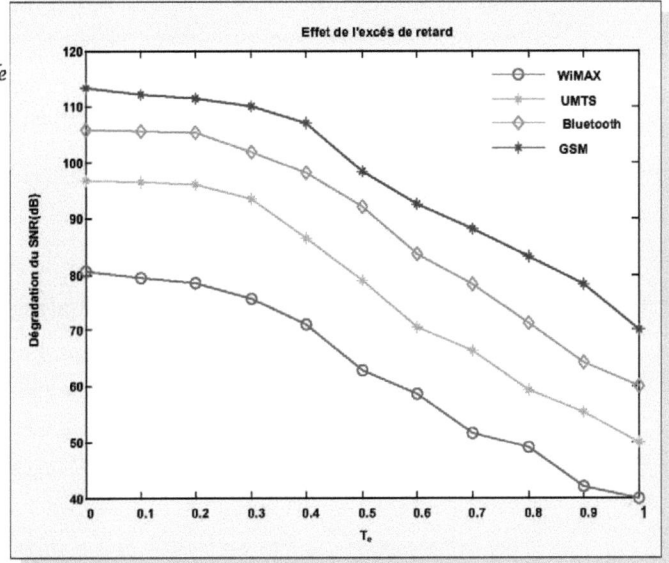

remarquer que le SNR diminue quand l'excès de retard dans la boucle augmente. Si l'excès de retard dans la boucle dépasse 110% de T_e, le modulateur devient instable (l'ordre de la fonction de transfert équivalente à temps discret augmente de 1). La figure 3.12 illustre la dégradation du SNR en fonction de l'excès de retard dans la boucle pour les quatre standards WiMAX, UMTS, Bluetooth et GSM.

3.4.2.2 Effet de jitter

L'effet de jitter est une variation aléatoire des instants d'échantillonnage de l'horloge par rapport à leurs positions idéales dans le temps. L'effet de jitter dans le quantificateur ajoute peu de bruit à la sortie du système, parce que le bruit résultant de ces erreurs est repoussé en dehors de la bande utile par le filtre de boucle [69]. Cependant, le jitter dans le CNA de rétroaction produit un bruit qui n'est pas mis en forme et affecte considérablement les performances du modulateur [111]. Afin d'évaluer ce phénomène, un générateur de jitter a été modélisé en utilisant le langage VHDL-AMS. Il est basé sur un générateur de nombre aléatoire utilisant la fonction de répartition gaussienne. Cependant, VHDL-AMS ne fournit pas ce type de distribution. Nous avons donc créé cette fonction à partir de la distribution UNIFORME (fournie par VHDL-AMS).

3.4 Conception descendante du modulateur ΣΔ

Cette fonction offre une séquence de nombres pseudo-aléatoire avec une distribution uniforme comprise dans l'intervalle] 0 ; 1]. La transformation bien connue pour passer d'une distribution uniforme à une distribution gaussienne est présentée par Box-Muller [112]. Cette transformation peut être écrite comme suit :

$$v = m + \sigma\sqrt{(-2\log u_1)}.(\sin 2\pi u_2) \qquad (3.1)$$

où v est la distribution gaussienne résultante, m est la moyenne de la distribution, σ est l'écart type des instants d'échantillonnage et (u_1 ; u_2) sont des fonctions aléatoires. Le générateur de jitter introduit une variation aléatoire des instants de montée et de descente de l'horloge selon le σ défini dans l'équation 3.1. Ceci permet d'évaluer comment les performances du modulateur sont affectées par le jitter et l'immunité du système de la figure 3.2 vis-à-vis de cet effet. La modification des instants de décision dans l'horloge synchronisant l'échantillonnage due au jitter est illustrée dans la figure 3.13. La figure 3.14 montre une comparaison du spectre de sortie pour différentes valeurs de jitter. Notons que la dégradation du SNR augmente quand le jitter augmente. La figure 3.15 présente la perte du SNR en fonction du jitter pour les quatre standards WiMAX, UMTS, Bluetooth et GSM.

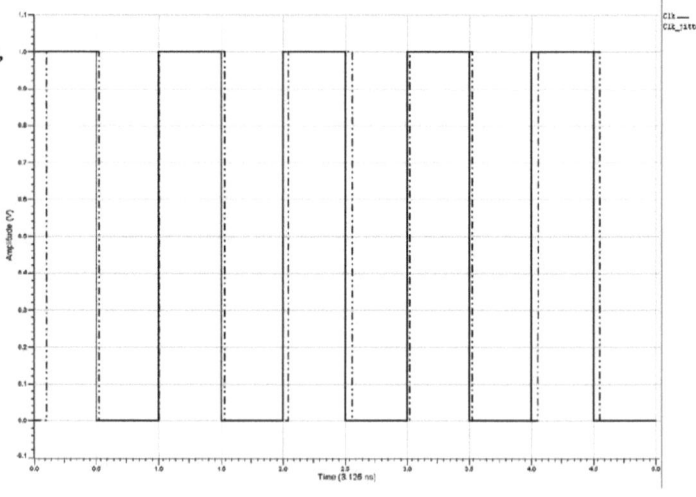

*Figure 3.13 :
Horloge (a) idéale,
(b) avec effet de
jitter ajouté.*

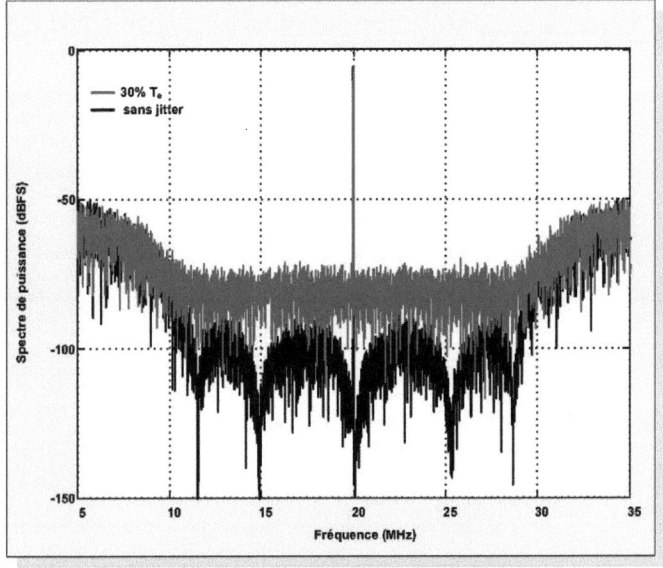

FIGURE 3.14 :
Effet de jitter sur le spectre de sortie du modulateur ΣΔ.

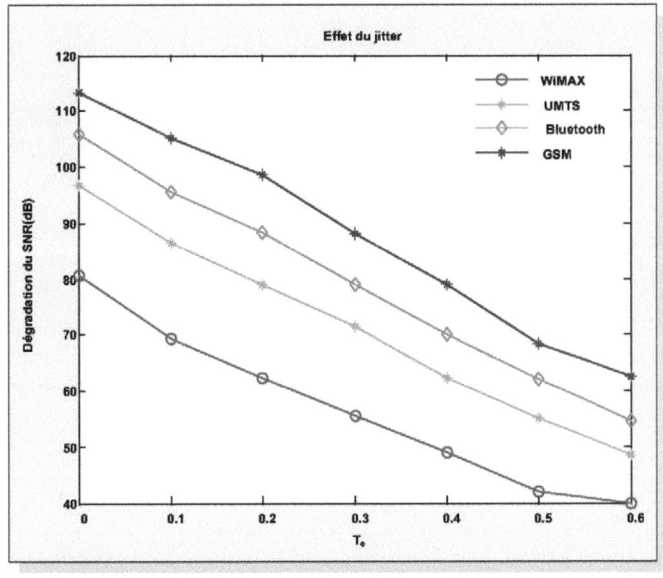

FIGURE 3.15 :
Dégradation du SNR en fonction du jitter.

3.5 Conclusion

Dans ce chapitre nous avons présenté la conception du modulateur $\Sigma\Delta$ en quadrature et à temps-continu selon la méthode descendante 'top-down'. En premier lieu, l'étude des différentes approches traditionnelles de conception pour les circuits mixtes nous a permis de mettre en évidence les principaux problèmes liés à la méthode de conception ascendante 'Bottom-up' ainsi que les différentes améliorations nécessaires pour le processus de conception descendant primitif. Ainsi, une méthodologie rigoureuse de conception descendante est adoptée. La modélisation comportementale et la simulation mixte étant les éléments clés de cette méthodologie. Les modèles comportementaux des différents étages constitutifs du modulateur $\Sigma\Delta$ en quadrature et à temps-continu d'ordre 5 en utilisant VHDL-AMS sont illustrés à travers des simulations temporelles et spectrales. Enfin, les effets de non-idéalité comme le jitter et l'excès de retard dans la boucle sont modélisés et leurs impacts sur la robustesse du modulateur sont quantifiés.

CHAPITRE 4

Conception du comparateur pour la vérification par la simulation mixte

4.1 Introduction

Le comparateur est un circuit qui compare un signal analogique à un autre signal analogique ou à une tension de référence produisant ainsi une tension de sortie avec une valeur '*haut*' ou '*bas*' basée sur cette comparaison. Un signal logique dénote la sortie. L'amplitude de la représentation électrique de l'état *haut* ou *bas* doit correspondre à la convention utilisée dans la logique numérique associée pour distinguer clairement une logique 1 et une logique 0. Le comparateur est un étage constitutif critique des convertisseurs analogique-numérique. En effet, la vitesse de conversion est limitée par le temps de réponse de prise de décision du comparateur.

La vérification par la simulation mixte est une étape cruciale dans la méthodologie de conception descendante pour les circuits analogiques et mixtes. Elle est nécessaire pour montrer que les étages fonctionnent comme prévu dans le système global.

Dans ce chapitre on présentera la vérification par la simulation mixte du fonctionnement du comparateur CMOS utilisé dans le modulateur ΣΔ en quadrature à temps continu. En premier lieu, une caractérisation des comparateurs nous permettra de dégager les performances de qualité du comparateur. En second lieu, la conception d'une première solution basée sur un comparateur CMOS est présentée. Ensuite, une solution plus élégante utilisant un comparateur à haute performance est discutée. Après, l'étage de décision basée sur une bascule D à verrouillage (D-Latch) est étudiée. Enfin, la simulation mixte clôtura ce chapitre.

4.2 Caractéristique d'un comparateur

La figure 4.1 montre le symbole du comparateur qui sera utilisé durant ce chapitre. Ce symbole est identique à celui d'un amplificateur opérationnel, puisque le comparateur à plusieurs caractéristiques communes avec un amplificateur à gain élevé. Une tension positive appliquée à l'entrée différentielle ($v_P - v_N$) produira une sortie positive pour le comparateur, tandis qu'une tension négative appliquée à l'entrée différentielle ($v_P - v_N$) produira une sortie négative pour le comparateur. Les limites de tension supérieure et inférieure de la sortie du comparateur sont définies comme V_{DD} et V_{SS}, respectivement.

4.2.1 Caractéristiques statiques

Le comparateur est défini ci-dessus comme le circuit qui a un résultat binaire dont la valeur est basée sur une comparaison de deux entrées analogiques. Ceci est illustré dans la figure 4.2. Telle que montrée dans cette figure, la sortie du comparateur est haute (V_{DD}) quand la différence entre les entrées non-inverseuse et inverseuse est positive, et basse (V_{SS}) quand cette différence est

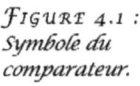
FIGURE 4.1 : Symbole du comparateur.

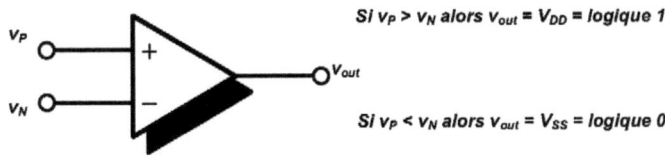

4.2 Caractéristique d'un comparateur

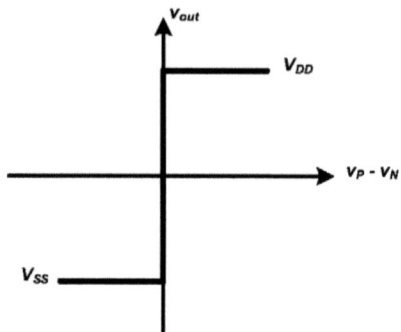

FIGURE 4.2 :
Caractéristique de transfert idéale du comparateur.

négative. Quoique ce type de comportement soit différent dans la réalité, il peut être modélisé d'un point de vue idéal avec une description mathématique.

Le comportement idéal de ce modèle est lié à la manière dont la sortie effectue la transition entre V_{SS} et V_{DD}, et vice versa, lors d'un changement de polarité de ΔV, surtout lorsque ΔV s'approche de zéro. Ceci implique un gain infini, tel que montré dans l'équation 4.1 [113].

$$\text{Gain} = A_V = \lim_{\Delta V \to 0} \frac{V_{DD} - V_{SS}}{\Delta V} \qquad (4.1)$$

Un gain infini est irréalisable et donc, on peut considérer un modèle du premier ordre (figure 4.3) qui est une approximation d'un circuit réalisable du comparateur. La différence entre le modèle idéal et celui-ci concerne le gain, qui peut être exprimé selon (4.2) [113].

$$A_V = \frac{V_{DD} - V_{SS}}{V_{IH} - V_{IB}} \qquad (4.2)$$

où V_{IH} et V_{IB} représentent la différence de tension d'entrée $v_P - v_N$ nécessaire pour saturer respectivement la sortie à sa limite supérieure et

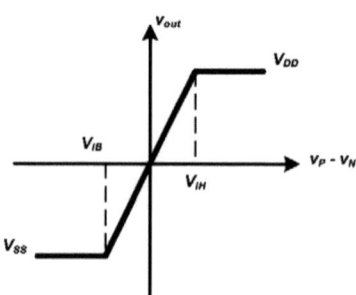

FIGURE 4.3 :
Caractéristique de transfert du comparateur avec gain fini.

inférieure. Ce changement d'entrée s'appelle la *résolution* du comparateur. Le gain est une caractéristique très importante décrivant le fonctionnement du comparateur, puisqu'il définit la quantité minimum de variation de tension en entrée (résolution) nécessaire pour faire osciller la sortie entre les deux états binaires.

Le deuxième effet non idéal constaté dans les comparateurs est la tension d'offset d'entrée, V_{OS} qui correspond au décalage de la caractéristique de transfert. Dans la figure 4.2, la sortie change lorsque la différence d'entrée passe par zéro. Si la sortie change d'état lorsque la différence d'entrée a atteint une valeur $+V_{OS}$, alors cette valeur est définie comme la tension *d'offset*. Le problème de l'erreur d'offset est qu'elle varie aléatoirement d'un circuit à un autre [113]. La figure 4.4 montre l'erreur d'offset d'un comparateur avec un gain fini ; le modèle du comparateur comprenant un générateur d'offset.

Le bruit d'un comparateur est modélisé comme si le comparateur était polarisé dans la région de transition de la caractéristique de transfert de tension. Le bruit mènera à une incertitude dans la région de transition suivant les indications de la figure 4.5.

4.2.2 Caractéristiques dynamiques

Les caractéristiques dynamiques du comparateur incluent à la fois les comportements petits signaux et grands signaux. Nous ne connaissons pas le temps que le comparateur prend pour répondre à une entrée différentielle donnée. Notons qu'il y a un retard entre l'excitation d'entrée et la réponse de sortie. Cette différence de temps s'appelle le *temps de retard de propagation* du

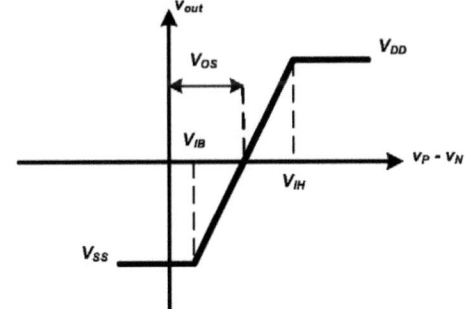

Figure 4.4 :
Caractéristique de transfert du comparateur comprenant la tension d'offset d'entrée.

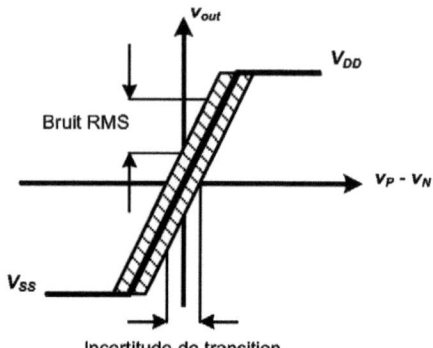

FIGURE 4.5 :
Effet du bruit sur
le comparateur.

comparateur, qui est un paramètre très important puisque c'est souvent la limitation de vitesse [114]. Considérons la figure 4.6, le graphe supérieur représente le signal d'entrée, alors que le graphe inférieur représente le signal de sortie. Notons qu'il n'y aucune inversion logique entre l'entrée et la sortie ; cependant, les définitions suivantes s'appliquent également lorsqu'il y a une inversion. Les temps de montée et de descente de l'entrée sont respectivement notés t_m et t_d. Les temps de montée et de descente de la sortie sont respectivement notés t_{BH} et t_{HB}. Le temps de retard entre les points à 50 % de l'entrée et de la sortie sont notés t_{PBH} et t_{PHB} selon si la sortie change du niveau haut au niveau bas ou du niveau bas au niveau haut. Le temps de retard de propagation, t_p, est la moyenne de ces deux temps.

Le temps de retard de propagation dans les comparateurs varie généralement en fonction de l'amplitude de l'entrée différentielle, impliquant un comportement non linéaire. Une plus grande amplitude en entrée se traduira par un plus petit temps de retard. Il y a une limite supérieure à laquelle une nouvelle augmentation de la tension d'entrée n'affectera plus le retard.

4.3 Conception du comparateur au niveau transistor

Dans ce paragraphe un premier comparateur CMOS est conçu. Ensuite, un comparateur à performances plus élevées est proposé pour répondre aux spécifications d'échantillonnage du modulateur $\Sigma\Delta$.

Figure 4.6 :
Temps de retard
de propagation
d'un comparateur
non-inverseur.

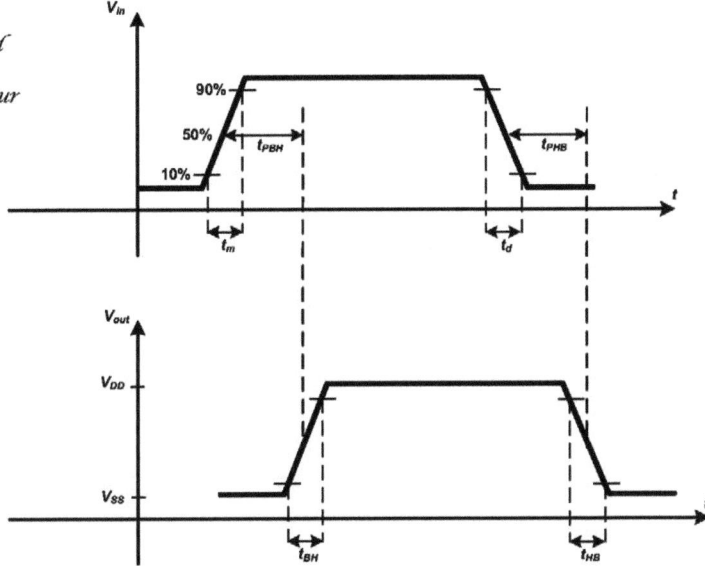

4.3.1 Comparateur CMOS

Un examen attentif des exigences précédentes du comparateur révèle qu'il exige une entrée différentielle et un gain suffisamment grand pour obtenir la résolution désirée. En conséquence, l'AOP fait une excellente implantation du comparateur [114-115]. Une simplification est possible car le comparateur sera généralement employé dans le mode boucle ouverte et donc il n'est pas nécessaire de le compenser. En effet, il est préférable de ne pas compenser le comparateur de sorte qu'il ait la plus grande bande passante possible, ce qui donnera une réponse plus rapide. Par conséquent, nous examinerons les performances de l'AOP sans compensation utilisé en mode comparateur (figure 4.7).

La figure 4.7 montre un amplificateur différentiel CMOS qui utilise des MOSFET canal-n M1 et M2. M1 et M2 sont polarisés avec une source de courant I_{SS} connectés aux sources de M1 et M2. Cette configuration de M1 et M2 s'appelle paire source-couplée [116]. Le miroir de courant MOSFET fait à partir de M5 et M6, est utilisé pour fournir un courant de source pour la paire I_{SS}. L'amplificateur différentiel CMOS est le plus souvent utilisé avec une charge inséré entre les drains de M1 et M2 et l'alimentation V_{DD}. Cette charge

4.3 Conception du comparateur au niveau transistor

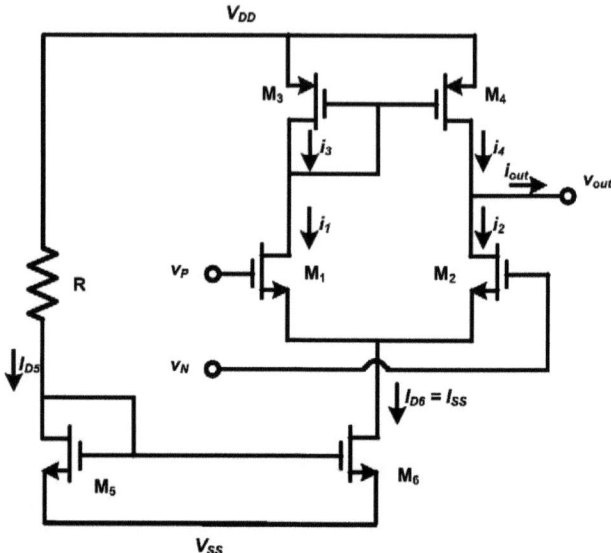

FIGURE 4.7:
AOP utilisé en mode comparateur.

est constitué par un miroir de courant canal-p formé par les transistors M3 et M4 comme indiqué dans la figure 4.7.

Considérons le miroir de courant fait à partir de M5 et M6. Un courant circule à travers M5 correspondant à V_{GS5}. Puisque $V_{GS5} = V_{GS6}$, idéalement le même courant, ou un multiple du courant dans M5, traverse M6. Si les MOSFETs ont la même taille, le même courant de drain traverse chaque MOSFET, à condition que M6 reste dans la région de saturation. Le courant I_{D5} est donné par (4.3) [116].

$$I_{D5} = \frac{\beta_5}{2}(V_{GS5} - V_{THN})^2 \qquad (4.3)$$

alors que le courant de sortie, en supposant que M6 est saturé, traversant M6 est donné par (4.4) [116].

$$I_{D6} = \frac{\beta_6}{2}(V_{GS6} - V_{THN})^2 \qquad (4.4)$$

Puisque $V_{GS5} = V_{GS6}$, alors le rapport des courants de drain est donné par (4.5) [116].

$$\frac{I_{D6}}{I_{D5}} = \frac{\frac{W_6}{L_6}}{\frac{W_5}{L_5}} = \frac{W_6 L_5}{W_5 L_6} = \frac{\beta_6}{\beta_5} \qquad (4.5)$$

Cette équation montre comment ajuster le rapport W/L des deux transistors pour obtenir le courant de sortie désiré, I_{D6}.

Le courant de référence du drain, I_{D5} est déterminé par (4.6) [116].

$$I_{D5} = \frac{V_{DD} - V_{GS} - VSS}{R} \qquad (4.6)$$

En utilisant la même longueur dans les sources de courants utilisées on simplifie l'équation (4.5) à (4.7) [116].

$$\frac{I_{D6}}{I_{D5}} = \frac{W_6}{W_5} \qquad (4.7)$$

L'utilisation d'une tension V_{GS} (ou V_{SG} pour les transistors canal-p) proche de la tension de seuil V_{THN}, résulte en des transistors très larges, alors que l'utilisation d'une V_{GS} supérieure à la tension de seuil provoque l'entrer des transistors dans la région triode très tôt [116]. Une différence acceptable entre V_{GS} et V_{THN}, parfois désigné sous le nom d'excès de tension de grille, ΔV, est de quelques centaines de millivolts.

Nous allons étudier le mode de fonctionnement de ce comparateur en examinant la courbe de transfert de sa tension de sortie. Nous considérons la tension d'entrée différentielle, v_{in}.

Sous des conditions de repos (pas de signal différentiel appliqué, v_{in} = 0 V), les deux courants dans les transistors M1 et M2 sont égaux et leur somme est égal à I_{SS}. Le courant dans M1 va déterminer le courant dans M3. Idéalement, ce courant va être reproduit dans M4. Si $v_P = v_N$ et M1 et M2 sont adapté, alors les courants dans M1 et M2 sont égaux. Ainsi, le courant que M4 donne doit être égal au courant que M2 exige, causant i_{out} d'être nul— à condition que la charge est négligeable. Dans cette analyse tous les transistors sont supposés être saturés.

Si $v_P > v_N$, alors i_1 augmente par rapport à i_2 puisque $I_{SS} = i_1 + i_2$. Cette augmentation de i_1 implique une augmentation dans i_3 et i_4. Cependant, i_2 diminue lorsque v_P est plus grand que v_N. Par conséquent, le seul moyen

4.3 Conception du comparateur au niveau transistor

d'établir l'équilibre du circuit est que i_{out} devient positive et v_{out} augmente. Nous pouvons voir que si $v_P < v_N$ alors i_{out} devient négative et v_{out} diminue.

Si nous assumons que les courants dans le miroir de courant sont identiques, alors i_{out} peut être trouvé par la soustraction de i_2 et de i_1 pour le comparateur de la figure 4.7.

La technologie que nous avons utilisée est 0.35 μm. Les tensions d'alimentations V_{DD} et V_{SS} sont respectivement 2.5 V et -2.5 V. La tension V_{GS} est de 1.2 V. La source de courant est conçue pour donner un courant $I_{SS} = 50$ μA. Nous assumons que les transistors M1 et M2 de la paire source-couplée sont de même taille, afin que $\beta_1 = \beta_2 = \beta$.

4.3.2 Amélioration des performances du comparateur en boucle ouverte

Si un comparateur a une grande charge capacitive, alors il aura une vitesse de balayage limitée. Une méthode qui permet d'augmenter les capacités de commande de la charge capacitive du comparateur de la figure 4.7 est d'ajouter plusieurs inverseurs push-pull en cascade à la sortie du comparateur suivant les indications de la figure 4.8 [113].

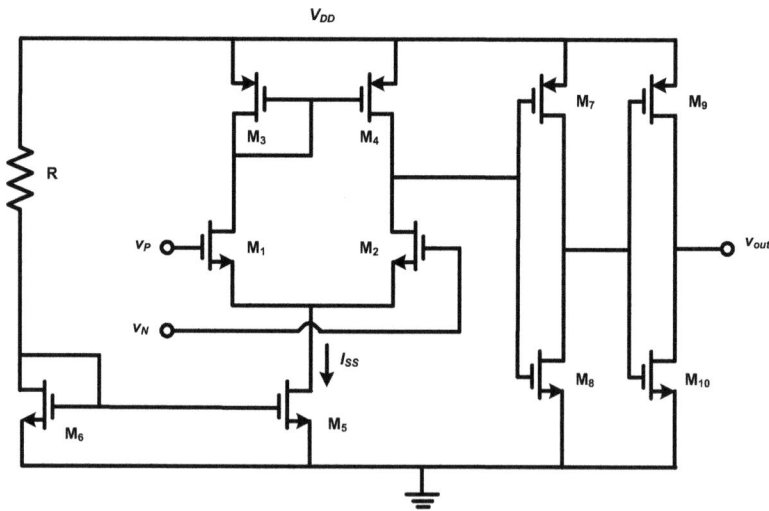

FIGURE 4.8 : *Augmentation de la commande capacitive du comparateur en boucle ouverte.*

Les inverseurs, M7-M8 et M9-M10, permettent à la capacité de sortie, d'être plus grande sans pour autant sacrifier la vitesse. Le principe est bien connu dans les buffers numériques à grande vitesse. L'inverseur M7-M8 permet d'augmenter les possibilités de commande du courant sans sacrifier la vitesse de balayage. La valeur W/L, de M7 et de M8 doit être assez grande pour augmenter le courant de commande. De même, l'inverseur M9-M10 permet au courant de commande d'être augmenté sans charger M7-M8. Il peut être démontré que, si W/L augmente par un facteur de 2.72, le temps de retard minimum de propagation est obtenu [46], [113]. Cependant, c'est un optimum très large, de sorte que de plus grands facteurs comme 10 sont utilisés pour réduire le nombre d'étages nécessaires [113].

La figure 4.9 montre la réponse temporelle du comparateur sans et avec les inverseurs. Une amélioration de la forme d'onde ainsi que des temps de

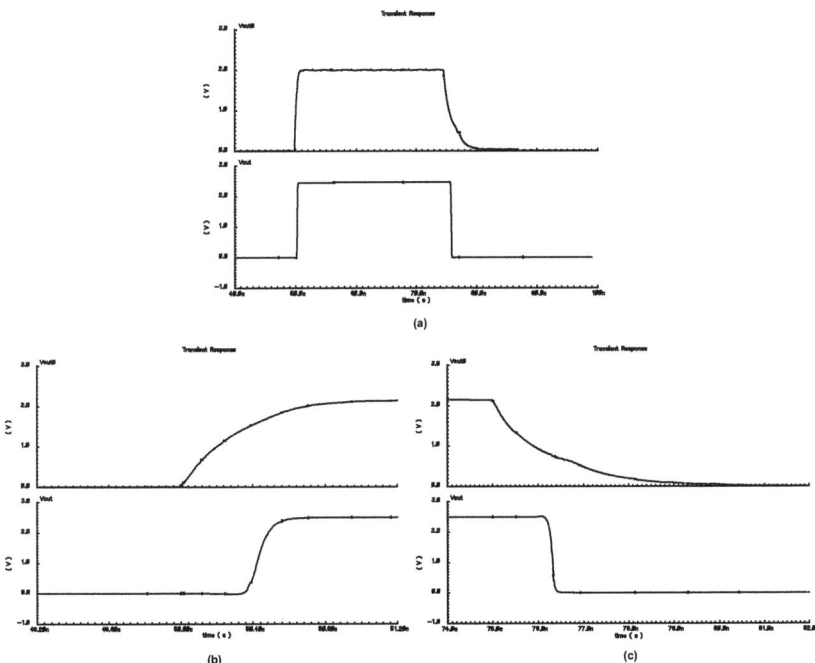

FIGURE 4.9 : *(a) Réponse temporelle du comparateur sans et avec amélioration, Zoom sur (b) la montée et (c) la descente.*

4.3 Conception du comparateur au niveau transistor

montées et de descentes est assez claire à travers une vue élargie donnée dans les figures 4.9(b) et 4.9(c).

La réponse DC du comparateur amélioré est montrée dans la figure 4.10(a). Le comparateur présente une tension d'offset systématique de 50 mV. La réponse AC (figure 4.10(b)) permet de voir que le comparateur posséde un gain de 32 dB et une bande passante de 320 MHz.

La réponse temporelle du comparateur pour un signal d'entrée de 0.5 V est montrée dans la figure 4.10(c). Le signal minimal que peut détecter le comparateur est de 80 mV, alors que le temps de retard de propagation est de 1.87 ns. La puissance dissipée par le comparateur est de 40 µW. Les temps de montée et de descente sont respectivement de 553 ps et 199 ps. Afin d'obtenir de meilleures performances une solution plus élégantes est étudiée par la suite.

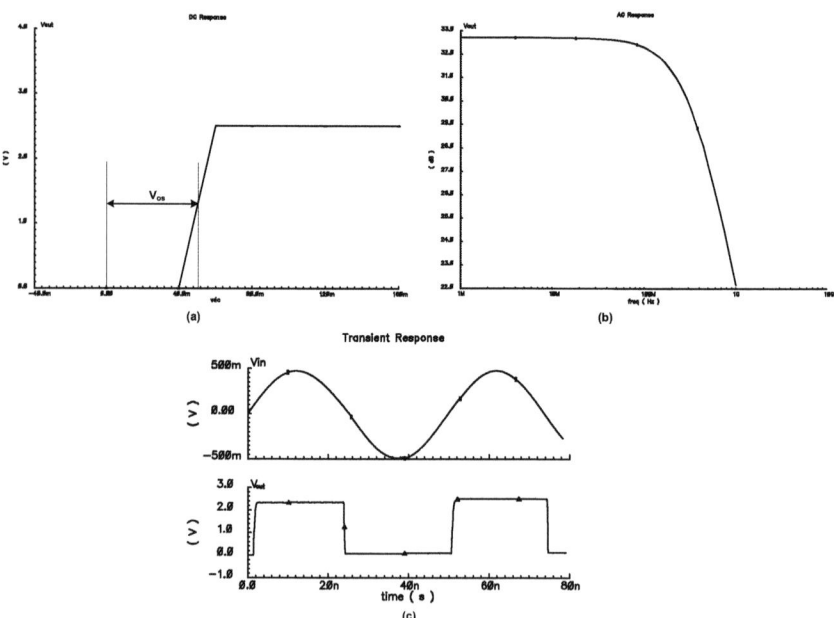

FIGURE 4.10 : *Réponse (a) DC (b) AC et (c) temporelle du comparateur.*

4.4 Comparateur à performances élevées

Le schéma fonctionnel d'un comparateur à performance élevé est montré dans la figure 4.11 [116]. Le comparateur se compose de trois étages ; le préamplificateur d'entrée, une rétroaction positive ou étage de décision, et un buffer de sortie. L'étage de pré-amplification amplifie le signal d'entrée pour améliorer la sensibilité du comparateur (c.-à-d., diminue le signal d'entrée minimum avec lequel le comparateur peut prendre une décision) et isole l'entrée du comparateur du bruit de commutation venant de l'étage de rétroaction positive. L'étage de rétroaction positive est employé pour déterminer lequel des signaux d'entrée est plus grand. Le buffer de sortie amplifie cette information et produit un signal numérique. Concevoir un comparateur peut commencer par l'examen de la plage d'entrée en mode commun, la dissipation de puissance, le retard de propagation, et le gain de comparateur. Nous élaborerons une conception de base du comparateur suivant une procédure permettant d'obtenir les performances désirées.

4.4.1 Étage de Pré-amplification

Pour l'étage de pré-amplification, nous avons choisi le circuit de la figure 4.12. Ce circuit est un amplificateur différentiel avec des charges actives. Les tailles de M1 et M2 sont fixés en tenant compte de la transconductance de l'ampli différentiel et de la capacité d'entrée. La transconductance fixe le gain de l'étage, alors que la capacité d'entrée du comparateur est déterminée par la taille de M1 et M2. Notons qu'il n'y a aucun nœud à haute impédance dans ce circuit, autre que les nœuds d'entrée et de sortie. Nous pouvons relier les tensions d'entrée aux courants de sortie (notons que i_{op} et i_{on} sont les courants AC petits-signaux dans le circuit selon l'équation (4.8) [116].

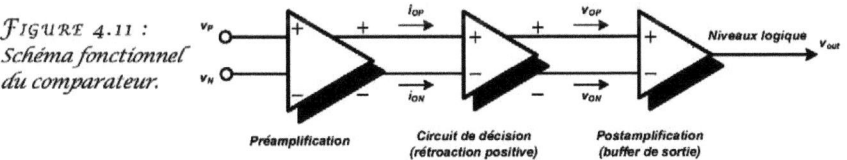

FIGURE 4.11 : Schéma fonctionnel du comparateur.

4.4 Comparateur à performances élevées

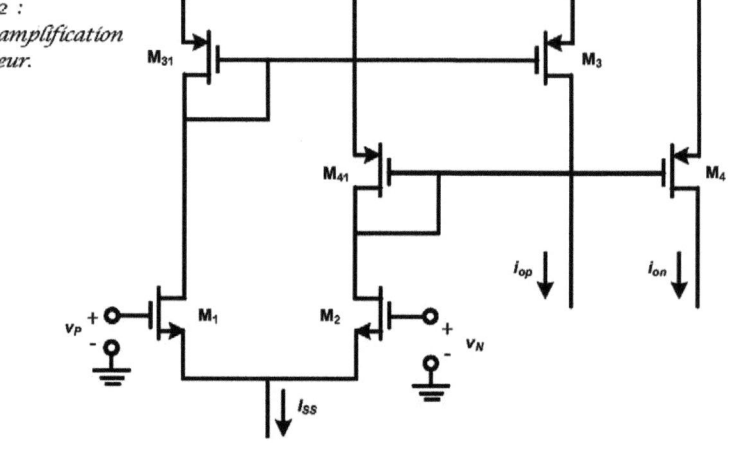

FIGURE 4.12 :
Étage de pré-amplification du comparateur.

$$i_{op} = \frac{g_m}{2}(v_P - v_N) + \frac{I_{SS}}{2} = I_{SS} - i_{on} \qquad (4.8)$$

Notons que si $v_p > v_n$, alors i_{op} est positive et i_{on} est négative ($i_{op} = -i_{on}$).

Pour augmenter encore le gain du premier étage, nous pouvons augmenter la taille de la largeur des MOSFETs M3 et M4 par rapport à la largeur de M31 et M41 [116]. Une grande valeur de la largeur de M3 et M4 peut dégrader les autres performances du comparateur comme la sensibilité.

4.4.2 Circuit de décision

Le circuit de décision est le cœur du comparateur. Il doit être capable de distinguer des signaux de quelques mV. Nous pouvons également concevoir le circuit avec une hystérésis pour rejeter le bruit. En effet, le comparateur est souvent placé dans un environnement très bruyant dans lequel il doit détecter les transitions du signal au point de seuil. Si le comparateur est assez rapide (par rapport à la fréquence du bruit) et l'amplitude du bruit est assez grande, la sortie sera aussi bruyante. Dans cette situation, une modification de la caractéristique de transfert du comparateur est souhaitée. Plus précisément, l'hystérésis est nécessaire dans le comparateur pour détecter le changement de niveau du signal indépendamment du bruit.

Figure 4.13 :
Caractéristique de transfert du comparateur avec hystérésis.

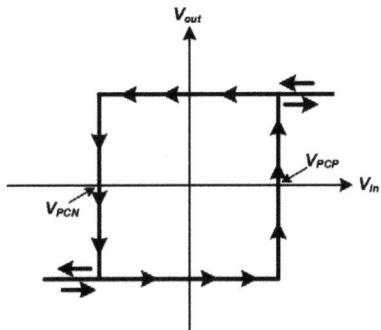

La caractéristique de transfert du comparateur avec hystérésis est donnée dans la figure 4.13. Notons que comme l'entrée évolue du négatif au positif, la sortie ne change pas jusqu'à ce qu'il atteigne le point de commutation positif, V_{PCP}. Une fois que la sortie augmente le point de commutation effectif change. Lorsque l'entrée évolue dans le sens négatif, la sortie ne commute pas jusqu'à ce qu'il atteigne le point de commutation négatif, V_{PCN}.

Le circuit utilisé dans ce comparateur est montré dans la figure 4.14 [116]. Le circuit utilise la rétroaction positive de la connexion grille-croisé de M6 et M7 pour augmenter le gain de l'élément de décision.

Commençons donc par l'hypothèse que i_{op} est beaucoup plus important que i_{on} de sorte que M5 et M7 soient passants et M6 et M8 soient bloqués. Nous supposerons également que $\beta_5 = \beta_8 = \beta_A$ et que $\beta_6 = \beta_7 = \beta_B$. Dans ces conditions, v_{on} est approximativement 0 V et v_{op} est donné dans (4.9) [116].

Figure 4.14 :
Circuit de décision avec rétroaction positive.

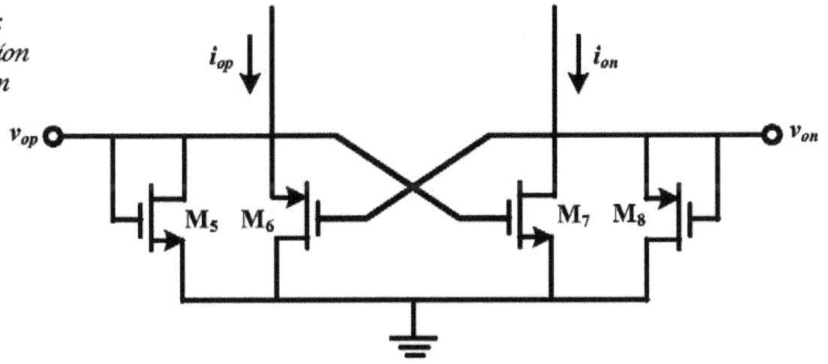

4.4 Comparateur à performances élevées

$$v_{op} = \sqrt{\frac{2i_{op}}{\beta_A}} + V_{THN} \qquad (4.9)$$

Si nous commençons à augmenter i_{on} et à diminuer i_{op}, la commutation a lieu quand la tension grille-source de M8 sera égale à V_{THN}. Tant que nous augmentons la tension V_{GS} de M8 au delà de V_{THN} (en augmentant encore i_{on} avec la diminution correspondante de i_{op}), M6 commence à prendre le courant à partir de M5. Ceci diminue la tension drain-source de M5/M6 et commence ainsi à bloquer M7.

Lorsque M8 est à peu près passant (la tension V_{GS} de M8 se rapproche de V_{THN} mais les courants de drain de M8 et M6 sont toujours à zéro), le courant qui circule dans M7 est donné par (4.10) [116].

$$i_{on} = \frac{\beta_B}{2}(v_{op} - V_{THN})^2 \qquad (4.10)$$

et le courant qui circule dans M5 est

$$i_{op} = \frac{\beta_A}{2}(v_{op} - V_{THN})^2 \qquad (4.11)$$

Notons que le courant dans M7 (au point de commutation) reproduit le courant dans M5, nous pouvons alors écrire

$$i_{op} = \frac{\beta_A}{\beta_B} i_{on} \qquad (4.12)$$

Si $\beta_A = \beta_B$ alors la commutation aura lieu quand les courants, i_{op} et i_{on}, sont égaux. Les β_s inégaux causent l'exposition du comparateur à l'hystérésis. Relions ces équations à l'équation (4.8) donnent les tensions aux points de commutation selon (4.13) et (4.14) [116].

$$V_{PCP} = v_p - v_n = \frac{I_{SS}}{g_m} \cdot \frac{\frac{\beta_B}{\beta_A} - 1}{\frac{\beta_B}{\beta_A} + 1} \quad pour \; \beta_B \geq \beta_A \qquad (4.13)$$

et

$$V_{PCN} = -V_{PCP} \qquad (4.14)$$

103

4.4.3 Étage de sortie

Le dernier étage du comparateur est le buffer de sortie ou post-amplificateur. Le but principal du buffer de sortie est de convertir la sortie du circuit de décision en signal logique. Le buffer de sortie devra accepter un signal d'entrée différentiel et ne pas avoir de limitation de vitesse de balayage.

Le circuit utilisé comme buffer de sortie pour le comparateur est montré dans la figure 4.15. Ce circuit est un amplificateur différentiel auto-polarisé [116]. Deux inverseurs ont été ajoutés sur la sortie de l'amplificateur comme étage additionnel de gain et pour isoler n'importe quelle capacité de charge de l'amplificateur différentiel auto-polarisé. Pour éviter le problème de connexion du circuit de décision directement avec le buffer de sortie, le circuit de la figure 4.16 est utilisé. Le transistor MOSFET M19 est ajouté en série avec le circuit de décision pour augmenter la tension moyenne hors du circuit de décision [116]. Le schéma complet du comparateur est montré dans la figure 4.17.

4.4.4 Caractérisation du comparateur

Un paramètre important du comparateur est sa tension d'offset. L'analyse DC du comparateur nous permet de déterminer le point de fonctionnement du comparateur et par la suite de mesurer sa tension d'offset. Avec v_N fixé à 0 V, l'entrée v_P du comparateur est balayée de -0.5 à 0.5 V, la réponse DC montrée dans la figure 4.18(a) nous permet de voir que la tension d'offset systématique est d'environ 10 mV. La figure 4.18(b) présente la réponse AC du comparateur. Il présente un gain de 38 dB et une bande passante de 238 MHz.

La réponse temporelle du comparateur pour un signal d'entrée de 0.5 V est montrée dans la figure 4.19(a). Le signal minimal que peut détecter le comparateur est de 15 mV, alors que le temps de retard de propagation est de 1.35 ns. Les temps de montée et de descente (figure 4.19(b) et 4.19(c)) sont respectivement de 141 ps et 90 ps La puissance consommée par ce comparateur est de 73 µW. On constate que ce comparateur présente bien des performances plus intéressantes en termes de sensibilité et de rapidité. Notons que la réponse est plus rapide pour des entrées plus grandes.

4.4 Comparateur à performances élevées

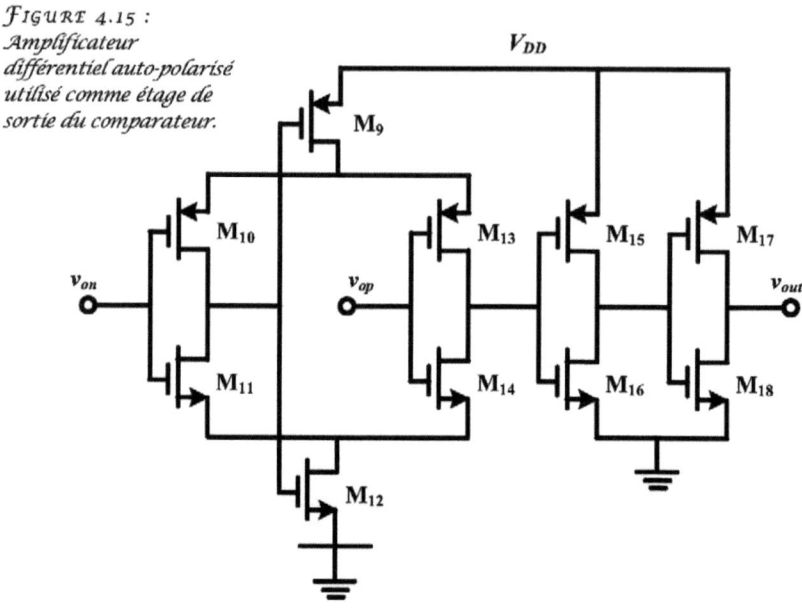

FIGURE 4.15 :
Amplificateur différentiel auto-polarisé utilisé comme étage de sortie du comparateur.

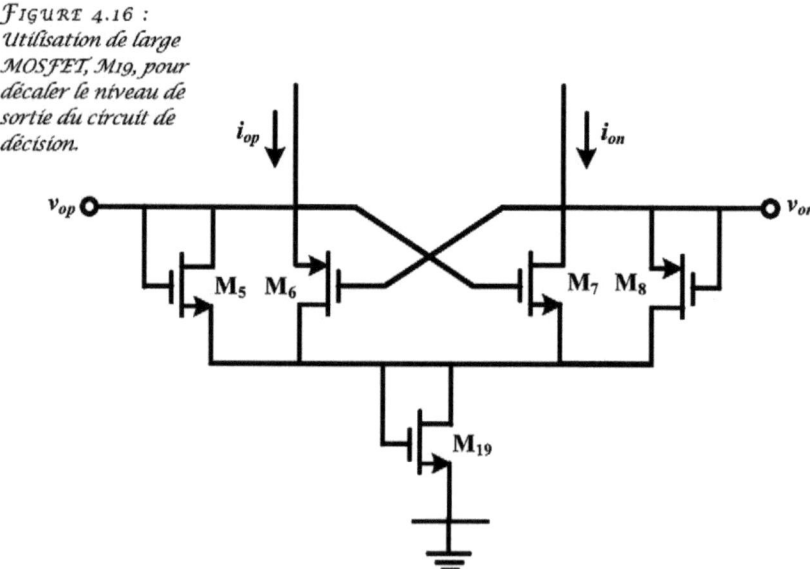

FIGURE 4.16 :
Utilisation de large MOSFET, M19, pour décaler le niveau de sortie du circuit de décision.

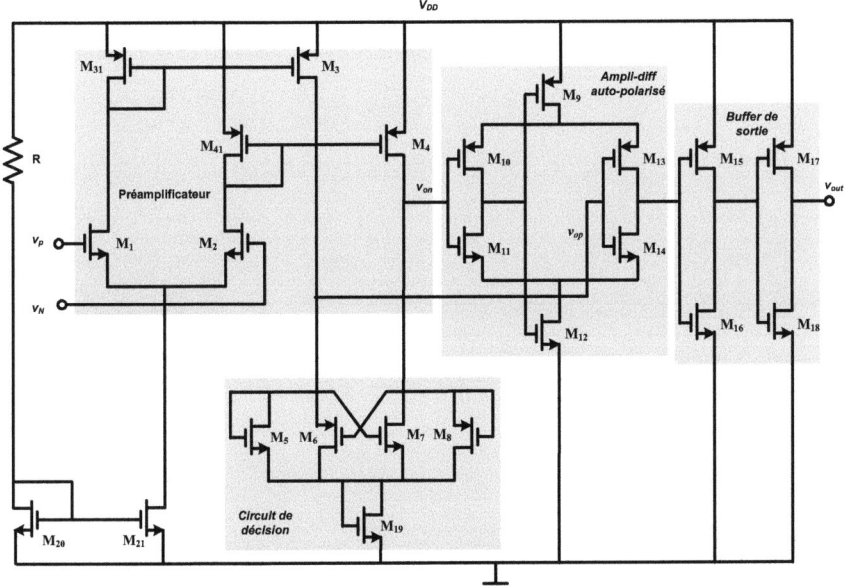

Figure 4.17 : Schéma complet du comparateur.

4.4.5 Choix du comparateur pour le modulateur ΣΔ

Les performances du modulateur sont relativement insensibles à l'offset et à l'hystérésis du comparateur puisque les effets de ces défauts sont atténués par la même mise en forme du bruit qui atténue le bruit de quantification [48], [117]. Même si les non-idéalités du comparateur sont réduites par la propriété de mise en forme de bruit dans la boucle, il reste quelques autres aspects à considérer. Un premier aspect est la métastabilité. Si l'entrée du comparateur est assez petite pour provoquer la métastabilité, alors il est probable que la sortie génère aléatoirement 1 ou 0, puisque l'inexactitude fait que les bruits associés de quantification de l'une ou l'autre décision seront presque identiques. Cependant, il est très important que la *même* décision soit délivrée au CNA et à la sortie du comparateur.

4.4 Comparateur à performances élevées

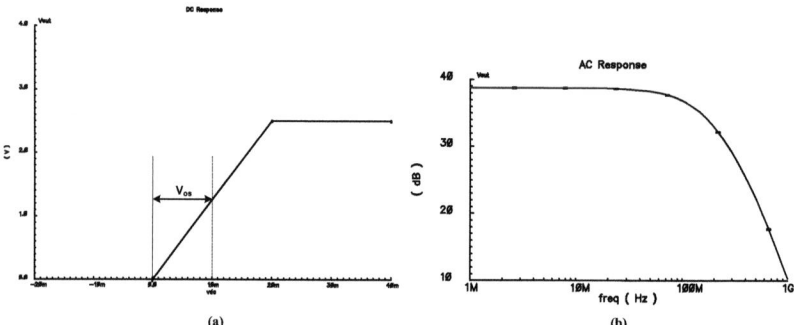

FIGURE 4.18 : *Réponse (a) DC et (b) AC du comparateur.*

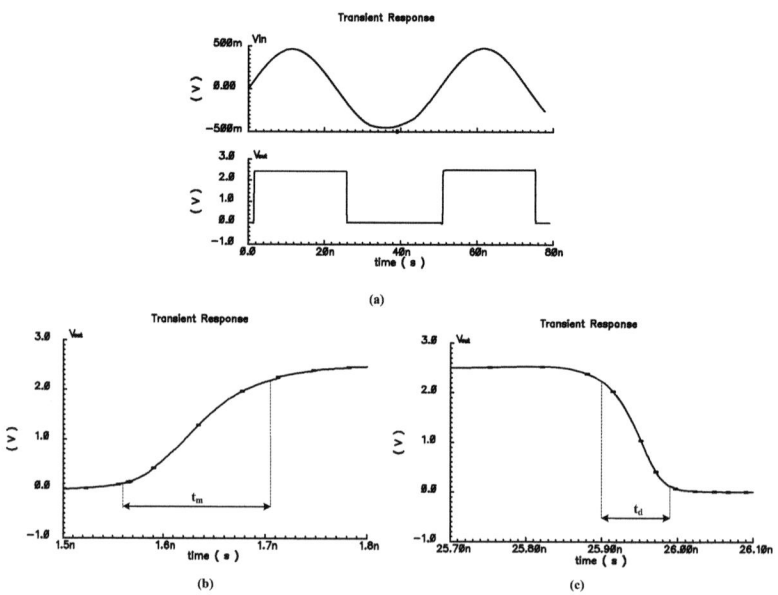

FIGURE 4.19 : *(a) Réponse temporelle du comparateur, agrandissement (b) de la monté et (c) de la descente.*

Le tableau 4.1 résume les performances obtenues des deux comparateurs étudiés. Le deuxième comparateur présente de meilleures performances, puisqu'il présente une faible tension d'offset qui peut être éliminé par la mise en forme du bruit d'ordre 5 du modulateur $\Sigma\Delta$ en quadrature. De plus, l'hystérésis peut être éliminée par conception en choisissant des β_s égaux comme a été étudié dans la section 4.4.2. D'autre part, ce comparateur présente un gain et une bande passante convenable pour l'application multistandard du modulateur selon les spécifications dégagées dans les chapitres précédents. En outre, une résolution appropriée pour éviter les problèmes de métastabilité et un temps de retard de propagation acceptable par rapport à la fréquence d'échantillonnage, sont achevés par ce comparateur. Par conséquent, ce comparateur satisfait les spécifications du modulateur $\Sigma\Delta$ d'ordre 5 en quadrature et à temps-continu.

TABLEAU 4.1 : Résumé des performances des deux comparateurs.

Caractéristique	1er comparateur	2ème comparateur
Tension d'offset (mV)	50	10
Gain (dB)	32	38
Bande passante (MHz)	320	138
Temps de retard de propagation (ns)	1.87	1.35
Résolution (mV)	80	15
Puissance dissipée (µA)	40	73

4.5 Étage d'échantillonnage

L'étage d'échantillonnage utilise une bascule D à verrouillage ou D-Latch, qui mémorise l'état à la sortie du comparateur à un instant donné défini par l'horloge. Typiquement, une bascule D (figure 4.20(a)) possède deux entrées (D pour les données et H pour l'horloge) et un résultat Q.

La bascule D est une évolution de la bascule RS qui voit ses 2 entrées Reset et Set remplacées par une unique entrée D = Set = Reset. De façon à avoir la mémorisation quand Reset = Set = 0, une entrée H est utilisée pour forcer les entrées à 0 avec 2 portes ET. La figure 4.20(b) montre la structure de la bascule

FIGURE 4.20 :
(a) Bascule D à verrouillage.
(b) Réalisation à l'aide d'une bascule RS.

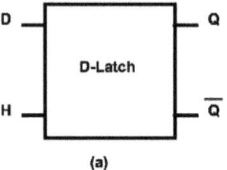

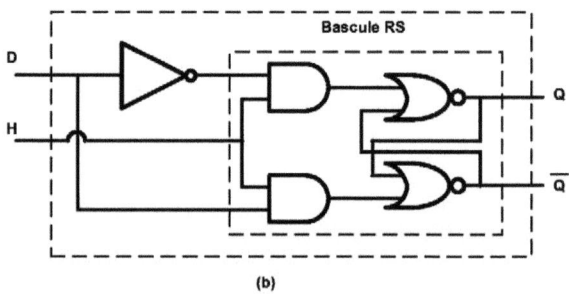

D à base de bascule RS.

Le fonctionnement de la bascule D-Latch est régi par les équations suivantes:

$$Q_i = HD + \overline{H}Q_{i-1} \tag{4.10}$$

$$\overline{Q_i} = H\overline{D} + \overline{H}\overline{Q_{i-1}} \tag{4.11}$$

On distingue deux modes de fonctionnement de cette bascule, commandés par l'entrée H :

- Si H =1, Q_i = D. Le signal présent sur l'entrée D est copié sur la sortie Q. La bascule est alors en mode transparent ou mode d'acquisition.

- Si H = 0, Q_i = Q_{i-1}. La sortie Q garde sa dernière valeur quelle que soit la valeur du signal présent sur l'entrée D. La bascule est alors en mode mémorisation.

La réalisation technologique niveau transistor des portes NAND et NOR constitutive de la bascule D sont donnés respectivement dans les figures 4.21 et 4.22. La figure 4.23 démontre le mode de fonctionnement de la bascule D-Latch.

CHAPITRE 4   CONCEPTION du COMPARATEUR POUR LA VERIFICATION PAR LA SIMULATION MIXTE

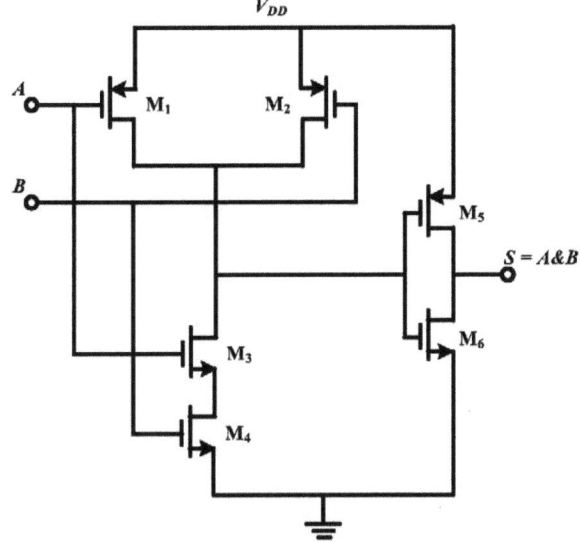

FIGURE 4.21 :
Schéma d'une porte
AND.

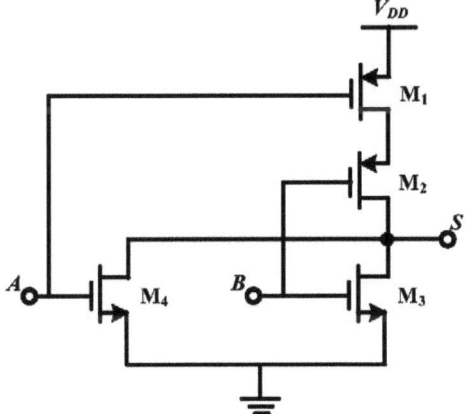

FIGURE 4.22 :
Schéma d'une porte
NOR.

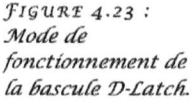

FIGURE 4.23 :
Mode de
fonctionnement de
la bascule D-Latch.

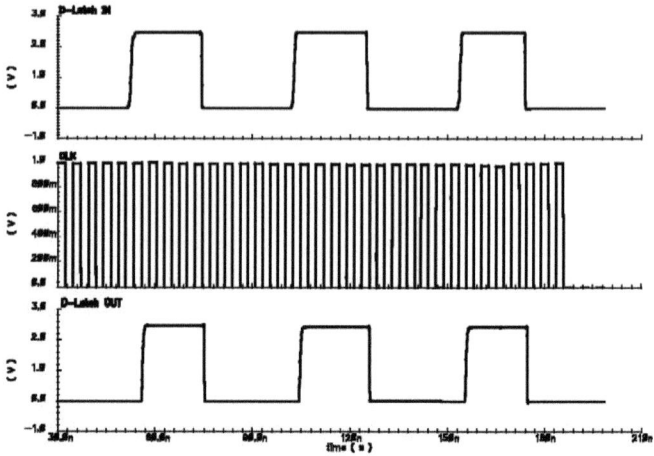

4.6   Vérification par la simulation mixte

Pour vérifier un étage avec la simulation mixte dans le système globale, le modèle haut niveau est remplacé par le circuit au niveau transistor. Ainsi, l'étage est vérifié dans le cadre du système, et il est facile de voir l'effet des imperfections de l'étage sur les performances du système.

Le modèle comportemental idéal du quantificateur monobit écrit en VHDL-AMS est remplacé par le schéma niveau transistor du comparateur suivi par la bascule D-Latch. La simulation mixte du modulateur $\Sigma\Delta$ en quadrature et à temps-continu est faite en utilisant le simulateur ADVance-MS qui supporte le mélange circuit transistor et modèle VHDL-AMS. Le résultat de simulation est donné dans la figure 4.24. Le spectre de sortie présente une dégradation des performances par rapport au modèle idéal. L'effet des imperfections du quantificateur est assez clair sur la performance totale du modulateur. D'après l'étude présentée dans le chapitre précédent sur les non-linéarités affectant le modulateur $\Sigma\Delta$ on déduit que l'excès de retard dans la boucle, causée par le temps de propagation des circuits insérés à la place du modèle idéale, est la cause de la dégradation des performances. Quelques solutions existent pour contourner cet effet [[67-68], [110]. Ainsi, un exemple de la vérification par la simulation mixte nous a permis de tester le fonctionnement d'un étage (le quantificateur dans ce cas) comme conçu dans le système global.

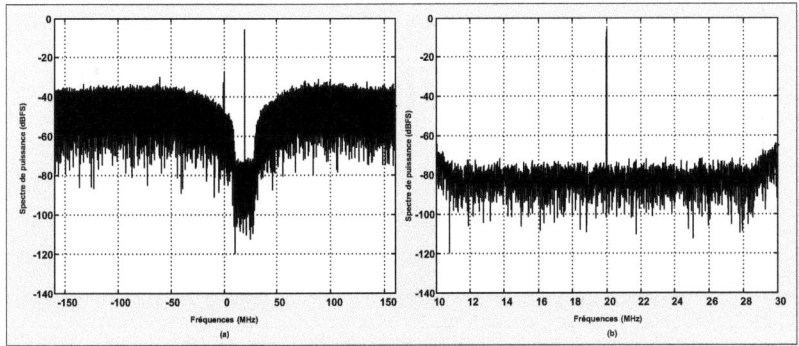

𝓕𝙸𝙶𝚄𝚁𝙴 4.24 : (a) Spectre de sortie du modulateur ΣΔ avec une simulation mixte. (b) vue élargie de la bande utile du spectre donné en (a).

4.7 Conclusion

Dans ce chapitre nous avons étudié la conception de comparateur pour l'utiliser dans la vérification par la simulation mixte. Une caractérisation du comparateur nous a permis de dégager les principales performances critiques régissant sa conception. Une première solution à base d'un comparateur CMOS a été étudiée. Ensuite, une solution plus élégante a été adoptée pour avoir de meilleures performances, nous permettant de l'utiliser dans le modulateur ΣΔ en quadrature à temps continu. Après, la conception d'une bascule D à verrouillage (D-Latch), qui constitue l'étage de décision dans l'étage de quantification de notre modulateur, a été révélé. Enfin, la simulation mixte du modulateur ΣΔ en remplaçant le modèle idéal du quantificateur par son schéma niveau transistor nous a permis de vérifier son fonctionnement dans le contexte du système globale et de dégager les anomalies causant la dégradation des performances du modulateur.

Conclusion générale

La Radio Logicielle idéale, comme a été imaginé en premier par Mitola, est un concept émergent pour construire des systèmes radio flexibles, multiservices, multistandard, multibande, reconfigurable et reprogrammable par logiciel. La numérisation précoce des signaux à l'antenne impose des contraintes sévères et exagérées sur les éléments constitutifs d'une architecture de type Radio Logicielle et surtout sur le convertisseur A/N considéré comme l'élément clé de cette architecture. D'où la non-faisabilité de cette architecture dans un futur proche due à l'incapacité technologique vis-à-vis de telles contraintes. Par conséquent, de nombreux travaux se sont orientés vers une technologie multistandard sous optimale. Il s'agit de la Radio Logicielle restreinte. Ainsi, nous avons mené une étude comparative des différentes architectures de réception qui nous a permis de dégager que l'architecture Low-IF est l'architecture la plus adéquate pour réaliser la Radio Logicielle restreinte. L'utilisation d'un convertisseur $\Sigma\Delta$ complexe passe-bande à temps-continu taillé pour cette architecture nous a permis de supprimer quelques étages analogiques tels que l'AGC, le filtre anti-repliement, les filtres rejections d'images et par la suite, d'obtenir un récepteur plus compact, plus linéaire et plus adéquat pour les applications multistandards.

Le choix d'implémentation du modulateur complexe à temps-continu avec une structure de boucle mono-étage à base de quantificateur mono-bit est fait suivant une étude comparative basée sur un compromis entre linéarité, consommation de puissance, fréquence d'échantillonnage et plage dynamique. La construction de l'architecture du modulateur $\Sigma\Delta$ complexe à temps-continu est élaborée suivant une méthodologie originale. Les éléments de base de cette architecture sont les deux modulateurs $\Sigma\Delta$ (voies I et Q) passe-bas à temps-continu en couplage croisé par des filtres polyphases qui vont permettre le décalage vers la fréquence intermédiaire. La conception d'un CNA complexe est prévue dans le cas de l'utilisation de fréquence intermédiaire élevée. Le dimensionnement du modulateur multistandard est obtenu à travers une

CONCLUSION GÉNÉRALE

stratégie originale. En effet, la fonction NTF en quadrature est conçue à partir d'un prototype passe-bas d'ordre élevé stable qui sera décalé vers la fréquence intermédiaire désirée. Une conception différenciée de la fonction STF a permis de réduire le problème de la fréquence image et d'atténuer les bloqueurs hors de la bande et de sélectionner ainsi la bande utile. Un modulateur $\Sigma\Delta$ complexe passe-bande à temps-continu de cinquième ordre a été conçu selon les spécifications des standards GSM, Bluetooth, UMTS et WiMAX qui s'étendent sur des largeurs de canal de 200 kHz à 20 MHz et sont reçus sur des bandes de 800 MHz jusqu'à 6 GHz. Les résultats de simulation montrent les bonnes performances de ce modulateur et son aptitude a remplacé les étages éliminés dans le récepteur Low-IF amélioré.

L'interaction croissante des composants analogiques et numériques nécessite l'utilisation des méthodologies de conception descendante 'Top-down', résultant à la modélisation comportementale à différents niveaux d'abstraction. Les outils de CAO précédemment spécialisés dans le domaine analogique ou numérique ont dû évoluer vers un environnement unifié de conception. La simulation d'un système complexe avec des parties numériques et analogiques n'est pas pratique au niveau transistor. Par conséquent, le développement des modèles comportementaux de haut niveau qui permettent des simulations mixtes est devenu primordial. Les modulateurs $\Sigma\Delta$ à temps-continu, par leur nature, sont des systèmes à signaux mixtes, pour cette raison nous avons utilisé une méthodologie de conception avancée dans ce travail. Cette méthodologie de conception permet une combinaison des approches descendante 'Top-down' et montante 'Bottom-up' pour rendre possible des compromis intelligents par le mélange des circuits au niveau transistor et des modèles comportementaux pour, respectivement, la précision et la vitesse de processus de simulation. Le langage de programmation VHDL-AMS, que nous avons choisi pour nos travaux, permet ce type de modélisation.

En dépit de tous les avantages présentés par les modulateurs à temps-continu, ils souffrent d'imperfections telles que l'excès du retard dans la boucle et la gigue d'horloge. Ces imperfections sont très dégradantes pour les performances du système. Pour concevoir une architecture robuste, une compréhension précise de ces phénomènes d'imperfections est très importante.

Par conséquent, une étude des imperfections du modulateur ΣΔ à temps-continu en utilisant la modélisation VHDL-AMS a été développée. Les effets de ces imperfections ont été évalués, visant des spécifications de robustesse. À l'issue de cette étude, nous disposerons d'une bibliothèque de modèles VHDL-AMS permettant la prise en compte du bruit au niveau comportemental.

La vérification par la simulation mixte est une étape cruciale dans la méthodologie de conception descendante pour les circuits analogiques et mixtes. Elle est nécessaire pour montrer que les étages fonctionnent comme prévu dans le système global. Pour illustrer cette phase de conception, nous avons choisi de concevoir le quantificateur qui constitue un élément clé pour le modulateur ΣΔ. La simulation mixte du modulateur ΣΔ en remplaçant le modèle comportemental idéal du quantificateur par son schéma niveau transistor nous a permis de vérifier son fonctionnement dans le contexte du système global et de dégager les anomalies causant la dégradation des performances du modulateur.

L'objectif fixé de nos travaux était de concevoir un modulateur ΣΔ complexe passe-bande à temps-continu pour l'architecture Low-IF multistandard amélioré selon l'approche descendante 'Top-down'. Nous avons conçu une toolbox MATLAB pour le dimensionnement des modulateurs multistandard stables d'ordre élevé à temps-continu. De plus, nous avons développé une bibliothèque de modèles comportementaux, écrit en langage VHDL-AMS, qui permet de modéliser de nombreuses formes d'imperfections. Un exemple de la vérification par la simulation mixte est fourni à travers la conception du quantificateur en technologie CMOS.

En guise de perspectives à ces travaux, les points suivants sont à envisager :

- En plus de la quantification des effets d'imperfections, il est bénéfique de leurs trouver des solutions au niveau système pour garantir le minimum de dégradation des performances du système global lors de la réalisation technologique.

- La seconde perspective consiste en la réalisation du filtre de boucle à temps-continu. L'idée que nous pouvons adoptée est de faire une alliance entre deux techniques d'implantation complémentaires. Le premier étage sera implanté avec des filtres actifs-RC pour diminuer les contraintes de bruits selon la formule de Friss et surtout selon l'arrangement du modulateur qui est composé d'une cascade de filtres en structure polyphase. Les étages suivants seront réalisés en technologies GmC pour monter en fréquence et améliorer la linéarité.

- Une autre perspective est la réalisation de la totalité du modulateur $\Sigma\Delta$ complexe passe-bande à temps-continu en technologie CMOS pour pouvoir valider toutes les étapes de conception selon l'approche descendante 'Top-down' adopté dans ce travail.

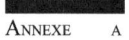
ANNEXE A

Traitement des signaux complexes

Les systèmes sans fil utilisent souvent la relation de quadrature entre les paires de signaux pour éliminer effectivement les composants interférents du signal dans la bande et hors la bande. La compréhension de ces systèmes est souvent simplifiée en considérant les signaux et les fonctions de transfert de système en tant que quantités "complexes". L'approche complexe est particulièrement utile dans les récepteurs multistandard fortement intégrée où l'utilisation de filtre à coefficient-fixe et à bande étroite RF et haute FI doit être minimisée.

A.1 Introduction

De nos jours, il est très courant d'utiliser les signaux complexes avec les systèmes numériques de modulation (cf. [68], [69], [35]). Le traitement des signaux complexe offre plusieurs avantages. Le plus important est de permettre un spectre asymétrique: c'est une conséquence directe des propriétés de transformée de Fourier. L'asymétrie du spectre est très utile pour comprendre les notions de signal image, décalage de fréquence, etc.

Naturellement, il est possible de travailler directement avec les signaux complexes à un niveau comportemental, mais les signaux doivent être réels dans les réalisations pratiques. L'approche logique est d'utiliser deux signaux réels: l'un est considéré comme la partie réelle du signal complexe, et l'autre comme la partie imaginaire. Les opérations d'amplification, de mixage, et autres doivent considérer cette définition et être adaptées en conséquence. Dans cette annexe, une brève présentation du traitement des signaux complexe est donnée.

A.2 Concepts de base

Une fonction de transfert complexe générique est un bloc avec quatre ports : deux entrées réels et imaginaires et deux sorties. Quatre "sous-fonctions de transfert" peuvent être définies: deux des signaux d'entrée et de sortie

Annexe A

Figure A.1 : Fonction de transfert générique.

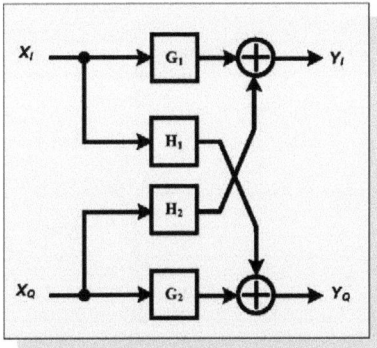

correspondants (réel-à-réel et imaginaire-à-imaginaire) et deux autres fonctions de transfert croisées (réel-à-imaginaire et imaginaire-à-réel). Le schéma fonctionnel générique d'une fonction de transfert est montré dans la figure A.1. Les équations du système sont données par

$$\begin{cases} Y_I = X_I G_1 + X_Q H_2 \\ Y_Q = X_Q G_2 + X_I H_1 \end{cases} \quad (A.1)$$

Le signal complexe $\underline{Y}$ est donné par

$$\begin{aligned} \underline{Y} &= Y_I + jY_Q \\ &= X_I G_1 + X_Q H_2 + jX_Q G_2 + jX_I H_1 \\ &= X_I (G_1 + jH_1) + jX_Q (G_2 - jH_2) \end{aligned} \quad (A.2)$$

Puisque la définition des signaux de complexe $\underline{X}$ et son conjugué complexe $\underline{X_C}$ sont

$$\begin{cases} \underline{X} = X_I + jX_Q \\ \underline{X_C} = X_I - jX_Q \end{cases} \quad (A.3)$$

il est possible d'obtenir

$$\begin{cases} X_I = \dfrac{\underline{X} + \underline{X_C}}{2} \\ X_Q = \dfrac{\underline{X} - \underline{X_C}}{2j} \end{cases} \quad (A.4)$$

*Figure A.2 :
Fonction de transfert
en rétroaction
générique.*

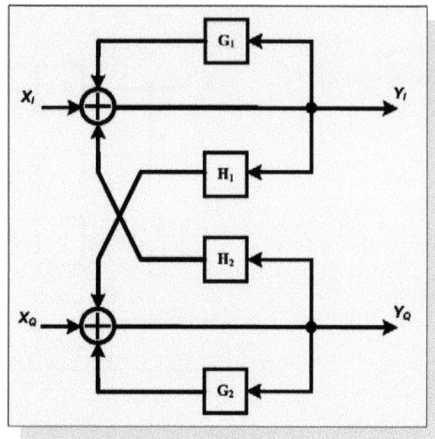

En combinant (A.4) dans (A.2) et en le simplifiant, le résultat est

$$\underline{Y} = \frac{G_1 + G_2 + j(H_1 - H_2)}{2}\underline{X} + \frac{G_1 - G_2 + j(H_1 + H_2)}{2}\underline{X_C} \quad \text{(A.5)}$$

Pour que l'équation soit de type $\underline{Y} = M\underline{X}$, il faut annuler les coefficients associées à $\underline{X_C}$, soit :

$$\begin{cases} G_1 = G_2 \\ H_1 = -H_2 \end{cases} \quad \text{(A.6)}$$

Dans le cas des fonctions de transfert de rétroaction, comme celle présentée dans la figure A.2, il peut être démontré que la condition (A.6) est encore valide, et la fonction de transfert résultante est

$$\underline{Y} = \frac{\underline{X}}{G_1 + jH_1 - 1} \quad \text{(A.7)}$$

A.3 Transposition de fréquence en quadrature

Dans les récepteurs modernes la transposition de fréquence est faite avec un oscillateur local (LO, Local Oscillator) en quadrature "pour maintenir l'information de phase". Il peut être démontré qu'une telle transposition correspond à une translation de fréquence. Par exemple, les équations de la transposition de fréquence montrée dans la figure A.3 sont

ANNEXE A

Figure A.3 : Transposition de fréquence en quadrature classique.

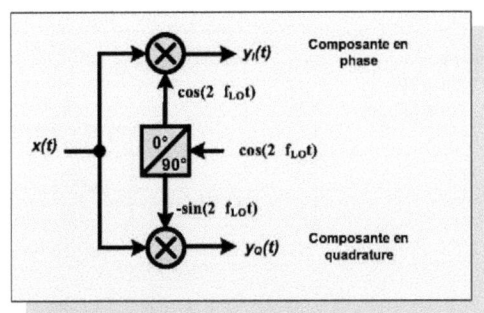

$$\begin{cases} y_I(t) = x(t)\cos(\omega_1 t) \\ y_Q(t) = -x(t)\sin(\omega_1 t) \end{cases} \quad (A.8)$$

avec *x(t)* étant le signal d'entrée réel.

Le signal complexe $\underline{y}(t)$ est donné par

$$\underline{y}(t) = y_I(t) + jy_Q(t) = \underline{x}(t)(\cos(\omega_1 t) - \sin(\omega_1 t)) = \underline{x}(t)e^{-j\omega_1 t} \quad (A.9)$$

Si $\underline{X}(\omega)$ est la transformée de Fourier de $\underline{x}(t)$, il résulte des propriétés de la transformée de Fourier que

$$\underline{Y}(\omega) = \underline{X}(\omega + \omega_1) \quad (A.10)$$

Ainsi la transposition de fréquence en quadrature correspond à un décalage de fréquence car c'est un signal complexe.

A.4 Transposition de fréquence des signaux en quadrature

Quand on manipule des signaux en quadrature, il est possible d'effectuer une translation de fréquence comme c'est montré dans la section précédente. Ceci peut être très utile dans les récepteurs à double conversion comme le Low-IF, car le signal image n'est pas à DC et peut nuire à la bonne réception. Ce type de transposition de fréquence peut être réalisé avec le schéma fonctionnel montré dans la figure A.4. Les signaux $y_I(t)$ et $y_Q(t)$ sont donnés par (A.11).

Figure A.4 :
Transposition de fréquence complexe.

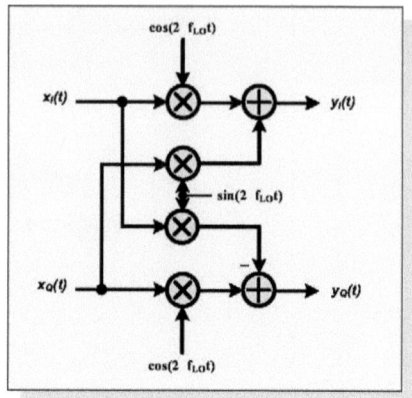

$$\begin{cases} y_I(t) = x_I(t)\cos(\omega_1 t) + x_Q(t)\sin(\omega_1 t) \\ y_Q(t) = x_Q(t)\cos(\omega_1 t) - x_I(t)\sin(\omega_1 t) \end{cases} \quad (A.11)$$

où $\omega_1 = 2\pi f_{LO}$.

Le signal complexe $\underline{y}(t)$ est donné par

$$\begin{aligned} \underline{y}(t) &= y_I(t) + jy_Q(t) \\ &= x_I(t)\cos(\omega_1 t) + x_Q(t)\sin(\omega_1 t) + jx_Q(t)\cos(\omega_1 t) - jx_I(t)\sin(\omega_1 t) \\ &= (x_I(t) + jx_Q(t))\cos(\omega_1 t) - j(x_I(t) + jx_Q(t))\sin(\omega_1 t) \\ &= (x_I(t) + jx_Q(t))e^{-j\omega_1 t} \\ &= \underline{x}(t)e^{-j\omega_1 t} \end{aligned} \quad (A.12)$$

où $\underline{x}(t)$ est un signal complexe et il est donné par $\underline{x}(t) = x_I(t) + jx_Q(t)$. En utilisant les propriétés de transformée de Fourier, il est possible de démontrer que

$$\underline{Y}(\omega) = \underline{X}(\omega + \omega_1) \quad (A.13)$$

où $\underline{X}(\omega)$ et $\underline{Y}(\omega)$ sont les transformées de Fourier de $\underline{x}(t)$ et $\underline{y}(t)$ respectivement.

A.5 Modulation complexe

Une modulation complexe comme le QPSK, l'O-QPSK ou le QAM peut être

Annexe A

réalisé avec le schéma fonctionnel montré dans la figure A.5. $a(t)$ correspond au signal I et $b(t)$ au signal Q. Leur transformée de Fourier sont noté $A(\omega)$ et $B(\omega)$ respectivement. Le signal RF de sortie $r(t)$ est donné par

$$r(t) = a(t)\cos(\omega_0 t) + b(t)\sin(\omega_0 t) \qquad (A.14)$$

Dans le domaine fréquentiel (A.14) est égal à

$$R(\omega) = A(\omega) * \left(\frac{\delta(\omega - \omega_0) + \delta(\omega + \omega_0)}{2} \right) - B(\omega) * \left(\frac{\delta(\omega + \omega_0) - \delta(\omega - \omega_0)}{2j} \right)$$
$$= \frac{1}{2}(A(\omega - \omega_0) + jB(\omega - \omega_0) + A(\omega + \omega_0) - jB(\omega + \omega_0)) \qquad (A.15)$$

où $\delta(\omega)$ est la fonction delta de Dirac et * est le produit de convolution. Le signal $r(t)$ est évidemment un signal réel, mais il ne peut pas être obtenu par une modulation simple comme

$$r(t) = c(t)\cos(\omega_0 t) \qquad (A.16)$$

car le signal modulé aux fréquences positives correspond au signal $a(t) + jb(t)$ transposé vers la fréquence ω_0, alors que celui aux fréquences négatives correspond à $a(t) - jb(t)$. D'ailleurs, l'amplitude de la transformée de Fourier d'un signal complexe n'est pas symétrique. Pour ces raisons un signal modulé avec ce genre d'arrangements numériques de modulation doivent être transposé en fréquence avec des signaux en quadrature (cf. paragraphe A.3).

Supposons une transposition de fréquence parfaite exactement à ω_0 et en phase avec la porteuse, le signal résultant $q(t)$ est donné par :

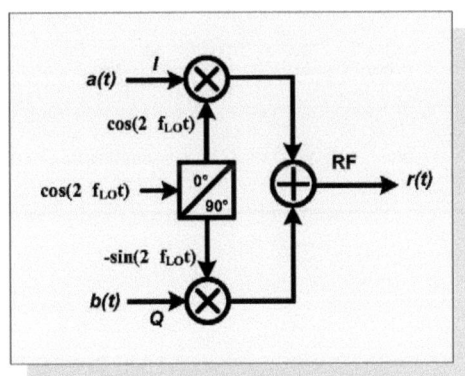

Figure A.5 :
Schéma bloc de la modulation complexe.

$$q(t) = \cos(\omega_0 t)r(t) - j\sin(\omega_0 t)r(t)$$
$$= e^{-j\omega_0 t}r(t) \tag{A.17}$$

Dans le domaine fréquentiel (A.17) est donné par

$$Q(\omega) = \left(\frac{1}{2}(A(\omega - \omega_0) + jB(\omega - \omega_0) + A(\omega + \omega_0) - jB(\omega + \omega_0))\right) * \delta(\omega + \omega_0)$$
$$= \frac{1}{2}(A(\omega) + jB(\omega) + A(\omega + 2\omega_0) - jB(\omega + 2\omega_0)) \tag{A.18}$$

Une fois que le signal est filtré, le résultat est

$$Q(\omega) = \frac{A(\omega) + jB(\omega)}{2} \Rightarrow q(t) = \frac{a(t) + jb(t)}{2} \tag{A.19}$$

A.6 Conjugué complexe

Il a été montré que le conjugué complexe d'un signal complexe a un spectre symétrique comparé au signal original. Ceci peut être démontré en prenant un signal complexe $s(t) = s_I(t) + js_Q(t)$ dont la transformée de Fourier est :

$$\mathcal{F}\{\underline{s}(t)\} = \mathcal{F}\{s_I(t)\} + \mathcal{F}\{s_Q(t)\} = S_I(f) + jS_Q(f) \tag{A.20}$$

où $S_I(f)$ et $S_I(f)$ sont la transformée de Fourier de $s_I(t)$ et $s_Q(t)$ respectivement. Il peut être écrit que

$$S_I(f) = \mathcal{R}\{S_I(f)\} + j\mathcal{I}\{S_I(f)\} \tag{A.21}$$

$$S_Q(f) = \mathcal{R}\{S_Q(f)\} + j\mathcal{I}\{S_Q(f)\} \tag{A.22}$$

où $\mathcal{R}\{...\}$ signifie la partie réelle et $\mathcal{I}\{...\}$ la partie imaginaire. Les propriétés de la transformée de Fourier indique que, puisque $s_I(t)$ et $s_Q(t)$ sont des fonctions réelles, $\mathcal{R}\{S_I(f)\}$ et $\mathcal{R}\{S_Q(f)\}$ sont des fonctions paires, tandis que $\mathcal{I}\{S_I(f)\}$ et $\mathcal{I}\{S_Q(f)\}$ sont des fonctions impaires.

La transformée de Fourier $\underline{S}(f)$ du signal complexe $\underline{s}(t)$ est

$$\underline{S}(f) = S_I(f) + jS_Q(f)$$
$$= \mathcal{R}\{S_I(f)\} - \mathcal{I}\{S_Q(f)\} + j(\mathcal{I}\{S_I(f)\} + \mathcal{R}\{S_Q(f)\}) \tag{A.23}$$

Le carré du module de (A.23) est donné par

Annexe A

$$|\underline{S}(f)|^2 = \mathcal{R}\{S_I(f)\}^2 - 2\mathcal{R}\{S_I(f)\}I\{S_Q(f)\} + I\{S_Q(f)\}^2 +$$
$$+ I\{S_I(f)\}^2 + 2I\{S_I(f)\}\mathcal{R}\{S_Q(f)\} + \mathcal{R}\{S_Q(f)\}^2$$
$$= |S_I(f)|^2 + |S_Q(f)|^2 +$$
$$+ 2I\{S_I(f)\}\mathcal{R}\{S_Q(f)\} - 2\mathcal{R}\{S_I(f)\}I\{S_Q(f)\} \quad \text{(A.24)}$$

Or, la transformée de Fourier du complexe conjugué de $\underline{s}(t)$ est donné par

$$F\{\overline{\underline{s}(t)}\} = \overline{\underline{S}(f)} = S_I(f) - jS_Q(f)$$
$$= R\{S_I(f)\} + I\{S_Q(f)\} + j(I\{S_I(f)\} - R\{S_Q(f)\}) \quad \text{(A.25)}$$

Le carré du module de (A.25) est donné par :

$$|\underline{S}(f)|^2 = R\{S_I(f)\}^2 + 2R\{S_I(f)\}I\{S_Q(f)\} + I\{S_Q(f)\}^2 +$$
$$+ I\{S_I(f)\}^2 - 2I\{S_I(f)\}R\{S_Q(f)\} + R\{S_Q(f)\}^2$$
$$= |S_I(f)|^2 + |S_Q(f)|^2 +$$
$$- 2I\{S_I(f)\}R\{S_Q(f)\} + 2R\{S_I(f)\}I\{S_Q(f)\} \quad \text{(A.26)}$$

Puisque $\mathcal{R}\{S_I(f)\}$ et $\mathcal{R}\{S_Q(f)\}$ sont des fonctions paires et $I\{S_I(f)\}$ et $I\{S_Q(f)\}$ sont des fonctions impaires, $I\{S_I(f)\}\mathcal{R}\{S_Q(f)\}$ et $\mathcal{R}\{S_I(f)\}I\{S_Q(f)\}$ sont des fonctions impaires. Il est possible de voir que la seule différence entre (A.24) et (A.26), est que les deux fonctions impaires précédentes ont une inversion de signe. Comme les autres fonctions sont des fonctions paires, il est possible de conclure que

$$|\underline{S}(f)| = |\overline{\underline{S}(-f)}| \quad \text{(A.27)}$$

A.7 Fuite du signal image

Dans le cas d'une disparité sur la voie réel et imaginaire d'une fonction de transfert complexe il y a une " fuite " du signal image. Pour illustrer cet effet, un simple bloc de gain réel est pris comme exemple (cf. figure A.6). Une disparité ΔA sur le bloc de gain A (cf. figue A.6), donne le résultat suivant :

$$R_I + jR_Q = S_I(A + \Delta A) + jS_Q(A + \Delta A)$$
$$= (S_I + jS_Q)A + (S_I - jS_Q)\Delta A \quad \text{(A.28)}$$

Puisque le signal complexe conjugué possède la symétrie de spectre du signal original, les fréquences positives et négatives sont maintenant mélangées entre eux et ne peuvent plus être séparés. Puisque le signal désiré est typiquement aux fréquences positives et le signal image aux fréquences négatif (ou vice-versa), une partie du signal image (ΔA) est maintenant mélangée au signal désiré en raison de la disparité.

A.8 Estimation de la réjection d'image

A.8.1 Formalisme de base

Dans cette section une technique simple pour évaluer la réjection d'image (IRR) est décrite. Compte tenu de la disparité d'un gain complexe tel que celui montré dans la figure A.7, il est possible de calculer :

$$\begin{cases} Y_I(s) = X_I(s)(A + \Delta A) - X_Q(s)(B - \Delta B) \\ Y_Q(s) = X_Q(s)(A - \Delta A) + X_I(s)(B + \Delta B) \end{cases} \quad (A.29)$$

Le signal complexe $\underline{Y}(s) = Y_I(s) + jY_Q(s)$ et son complexe conjugué $\underline{Y_C}(s) = Y_I(s) - jY_Q(s)$ sont donnés par (A.30).

$$\begin{cases} \underline{Y}(s) = (A + \Delta A + j(B + \Delta B))X_I(s) - (B - \Delta B - j(A - \Delta A))X_Q(s) \\ \underline{Y_C}(s) = (A + \Delta A - j(B + \Delta B))X_I(s) - (B - \Delta B + j(A - \Delta A))X_Q(s) \end{cases} \quad (A.30)$$

Si $X_I(s)$ et $X_Q(s)$ sont considérés comme les parties imaginaires et réels du signal complexe $\underline{X}(s) = X_I(s) + jX_Q(s)$ et son conjugué, $\underline{X_C}(s) = X_I(s) - jX_Q(s)$, $\underline{Y}(s)$ et $\underline{Y_C}(s)$ sont données par (A.31).

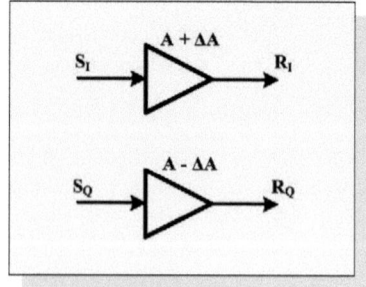

Figure A.6 :
Une simple disparité pour un bloc de gain.

Annexe A

$$\begin{cases} \underline{Y}(s) = (A + jB)\underline{X}(s) - (\Delta A + j\Delta B)\underline{X_C}(s) \\ \underline{Y_C}(s) = (\Delta A - j\Delta B)\underline{X}(s) + (A - jB)\underline{X_C}(s) \end{cases} \quad (A.31)$$

(B.31) peut être écrit dans la forme matricielle

$$\begin{pmatrix} \underline{Y}(s) \\ \underline{Y_C}(s) \end{pmatrix} = \begin{pmatrix} A + jB & \Delta A + j\Delta B \\ \Delta A - j\Delta B & A - jB \end{pmatrix} \cdot \begin{pmatrix} \underline{X}(s) \\ \underline{X_C}(s) \end{pmatrix} \quad (A.32)$$

En définissant les vecteurs

$$\widetilde{X} = \begin{pmatrix} \underline{X}(s) \\ \underline{X_C}(s) \end{pmatrix} \text{ et } \widetilde{Y} = \begin{pmatrix} \underline{Y}(s) \\ \underline{Y_C}(s) \end{pmatrix} \quad (A.33)$$

et la matrice

$$M = \begin{pmatrix} A + jB & \Delta A + j\Delta B \\ \Delta A - j\Delta B & A - jB \end{pmatrix} \quad (A.34)$$

B.32 peut être écrit sous forme matricielle par :

$$\widetilde{Y} = M.\widetilde{X} \quad (A.35)$$

Puisque le signal de sortie intéressant est $\underline{Y}(s)$, A.35 doit être multiplié par le vecteur ligne [1 0] :

$$\underline{Y}(s) = \begin{bmatrix} 1 & 0 \end{bmatrix} M.\widetilde{X} \quad (A.36)$$

La fonction de transfert relative à $\underline{X}(s)$ est donné par

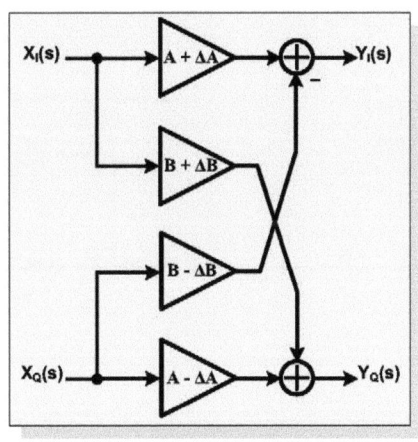

Figure A.7 : Exemple de disparité pour un bloc de gain complexe.

$$\frac{Y(s)}{\underline{X}(s)} = \begin{bmatrix} 1 & 0 \end{bmatrix} M \cdot \begin{bmatrix} 1 \\ 0 \end{bmatrix} \quad (A.37)$$

alors que celui par rapport $\underline{X}_C(s)$ est donné par

$$\frac{Y(s)}{\underline{X}(s)} = \begin{bmatrix} 1 & 0 \end{bmatrix} M \cdot \begin{bmatrix} 0 \\ 1 \end{bmatrix} \quad (A.38)$$

Alors l'IRR peut être évalué comme

$$IRR = \frac{\begin{bmatrix} 1 & 0 \end{bmatrix} M \cdot \begin{bmatrix} 0 \\ 1 \end{bmatrix}}{\begin{bmatrix} 1 & 0 \end{bmatrix} M \cdot \begin{bmatrix} 1 \\ 0 \end{bmatrix}} \quad (A.39)$$

A.8.2 Système complexe

Dans la section précédente, il a été démontré que l'IRR peut être calculé grâce au calcul matriciel. Dans cette section, un système plus complexe est analysé afin de montrer l'efficacité de cette technique.

Le système complexe qui est analysé est montré dans la figure A.8. Le gain de rétroaction peut être écrit sous la forme matricielle suivante :

$$K = \begin{pmatrix} k_1 + jk_2 & \Delta k_1 + j\Delta k_2 \\ \Delta k_1 - j\Delta k_2 & k_1 - jk_2 \end{pmatrix} \quad (A.40)$$

où Δk_1 et Δk_2 sont respectivement les disparités de k_1 et k_2. La fonction de transfert de l'intégrateur peut être écrite sous la forme matricielle suivante :

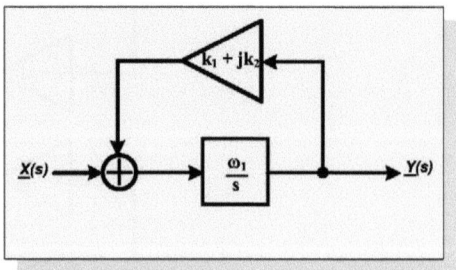

Figure A.8 : Le système complexe analysé.

ANNEXE A

$$R = \begin{pmatrix} \frac{\omega_1}{s} & \frac{\Delta\omega_1}{s} \\ \frac{\Delta\omega_1}{s} & \frac{\omega_1}{s} \end{pmatrix} \quad (A.41)$$

où $\Delta\omega_1$ est la disparité de la constante d'intégration. L'équation du système donnée dans la figure B.8 peut être maintenant résolue sous la forme matricielle.

$$\widetilde{Y} = R.(\widetilde{X} + K.\widetilde{Y})$$
$$\widetilde{Y} - R.K.\widetilde{Y} = R.\widetilde{X}$$
$$(I_D - R.K).\widetilde{Y} = R.\widetilde{X}$$
$$\widetilde{Y} = (I_D - R.K)^{-1}.R.\widetilde{X} \quad (A.42)$$

où I_D est la matrice identité et ( )$^{-1}$ représente la matrice inverse. L'évaluation de (A.42) est toujours difficile sous une forme analytique, mais il est très facile de le résoudre par calcul numérique à condition que (I_D – RK) ne soit pas singulière.

ANNEXE B

Dimensionnement du récepteur Low-IF multistandard

B.1 Specifications des standards GSM, Bluetooth, UMTS et WiMAX

De nos jours, plusieurs réseaux de communication sans fil offrent aux utilisateurs plusieurs services par le biais de choix entre divers standards de radio communication. Le GSM est la norme de téléphonie mobile seconde génération (2G) la plus utilisée. Le GSM n'offre pas de service de transmission de données. C'est avec le GPRS (General Packet Radio Services), norme de génération 2G+, que la transmission de données commence à prendre place dans les communications radio. L'UMTS, norme de troisième génération (3G), offre de meilleurs débits et une diversité de services. Le WiMAX est le plus récent des standards de la quatrième génération (4G). Outre ces normes de téléphonie mobile, les utilisateurs disposent de réseaux locaux et personnels sans fil, avec les normes Bluetooth et WiFi. Dans ce qui suit nous allons présenter les spécifications des standards GSM, Bluetooth, UMTS et WiMAX nécessaires pour le dimensionnement du récepteur Low-IF amélioré présenté lors du chapitre 1. Le Tableau B.1 présente les principales caractéristiques de la couche physique de ces standards de radiocommunications.

Annexe B

TABLEAU B.1 :
Spécifications des standards GSM, Bluetooth, UMTS et WiMAX.

Standard	GSM	Bluetooth	UMTS	WiMAX
Bande montante (MHz)	890-915	2400-2483.5	1920-1980	2000-11000
Bande descendante (MHz)	935-960	2400-2483.5	2110-2170	2000-11000
Largeur du canal (MHz)	0.2	1	3.84	Variable: 1.5-20
Technique d'accès	TDMA	FHSS	CDMA	OFDM
Type de modulation	GMSK	GFSK	QPSK-CDMA	BPSK QPSK M-QAM
Débit (Mbits/s)	0.01	1	0.01-10	<75
$P_{sensRef}$ (dBm)	-102	-70	117	-65
P_{max} (dBm)	-12	-20	-25	-30
SNR_{out} (dB)	9	21	6.8	23

B.2 Profils des bloqueurs et des interférents

Le profil des bloqueurs définit les interférents de niveau élevé situés à des fréquences autres que celles des canaux adjacents qui peuvent saturer les étages du récepteur. On définit les bloqueurs hors de la bande de réception et les bloqueurs dans la bande de réception. Les profils des bloqueurs et des interférents des standards GSM, Bluetooth, UMTS et WiMAX sont donnés dans les figures B.1, B.2, B.3 et B.4 respectivement.

FIGURE B.1 :
Profil des bloqueurs du standard GSM.

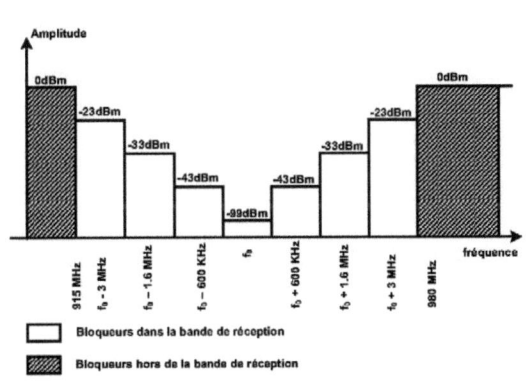

ANNEXE B

FIGURE B.2 :
Profil des bloqueurs
du standard UMTS.

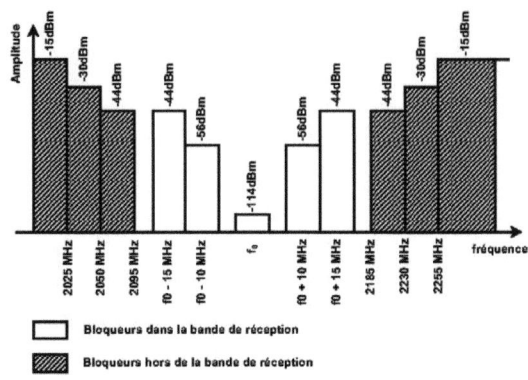

FIGURE B.3 :
Profil des bloqueurs
pour le standard
Bluetooth (a) dans la
bande, (b) hors de la
bande.

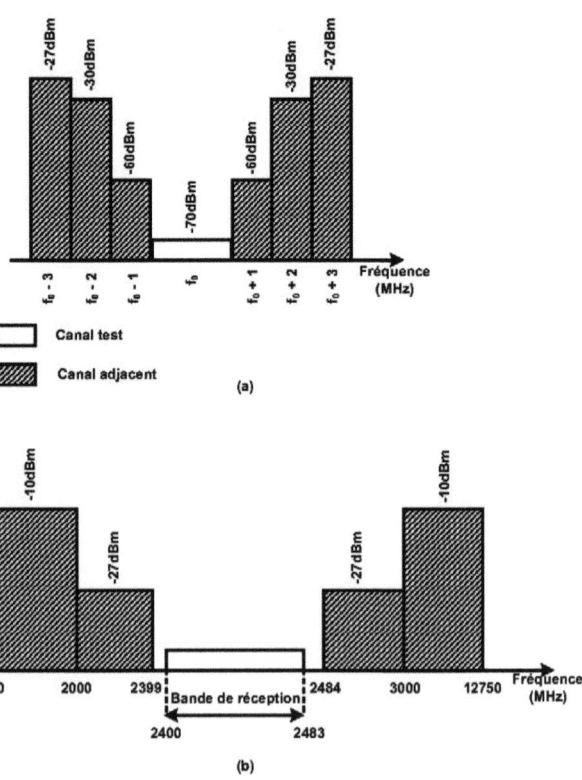

131

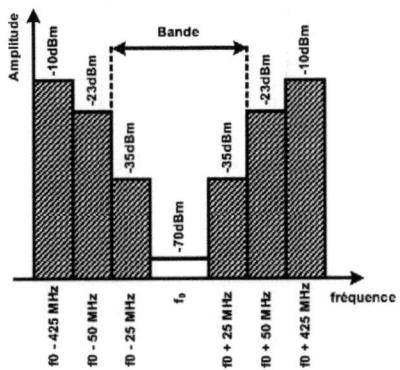

Figure B.4 : Profil des bloqueurs du standard WiMAX.

B.3 Dimensionnement du récepteur

Les équations utilisées pour le dimensionnement du récepteur sont les suivantes :

- Facteur de bruit (NF, Noise Figure)

$$NF = P_{sensRef} - N_{th} - SNR \qquad (B.1)$$

avec $P_{sensRef}$ la puissance de sensibilité de référence, N_{th} le bruit thermique ($N_{th} = -174\ dBm + 10\ log\ (B)$) et B étant la bande en Hz, SNR le rapport signal sur bruit.

- Dynamique du récepteur (DRr, Dynamic Range receiver)

$$DRr = P_{max} - P_{sensRef} \qquad (B.2)$$

- Rejection d'intermodulation (IMR, Intermodulation Rejection)

$$IMR = P_{in} - P_{test} + SNR_{out} \qquad (B.3)$$

avec P_{in} la puissance de l'interfèrent spécifié par le test d'intermodulation et P_{test} la puissance du signal de test.

- Point d'interception d'ordre 3 (IIP3, third-order Input-referred Interception Point)

$$IIP3 = \tfrac{1}{2}\ IMR + P_{in} \qquad (B.4)$$

- SFDR (Spurious Free Dynamic Range)

$$SFDR = 2/3(IIP3 - P_{sensRef}) \qquad (B.5)$$

ANNEXE B

- Dynamique du CAN (DR$_{CAN}$, Dynamic Range CAN)

$$DR_{CAN} = DRr + SNR_{out} \qquad (B.6)$$

- Estimation de l'ordre du modulateur ΣΔ

La figure B.5 donne une estimation de l'ordre du modulateur ΣΔ en fonction du SNR et du l'OSR.

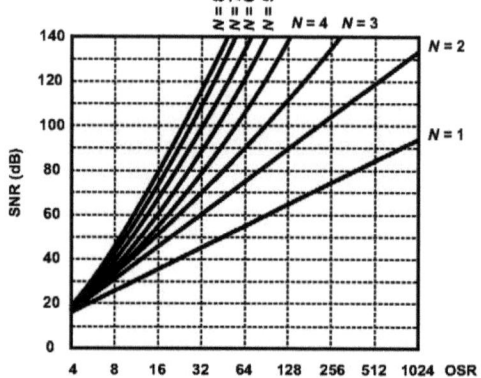

FIGURE B.5 :
Estimation de l'ordre du modulateur ΣΔ.

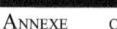
ANNEXE C

Architecture d'implémentation du modulateur ΣΔ d'ordre élevé

C.1 Introduction

Toutes les architectures d'implémentation utilisées pour le modulateur ΣΔ peuvent être décrites par un modèle général représenté dans la figure C.1. Nous rappelons que les fonctions NTF et STF sont définis selon (C.1).

$$NTF(z) = \frac{1}{1-H_1(z)} \text{ et } STF(z) = \frac{H_0(z)}{1-H_1(z)} \qquad (C.1)$$

Inversement, étant donné les fonctions NTF et STF désiré, nous pouvons calculer les fonctions de transfert du filtre de boucle qui sont nécessaire pour les implémenté, à savoir

$$H_0(z) = \frac{STF(z)}{NTF(z)} \text{ et } H_1(z) = 1 - \frac{1}{NTF(z)} \qquad (C.2)$$

Puisque les relations des fonctions NTF et STF s'appliquent indépendamment de la structure du filtre de boucle, le dimensionnement du modulateur peut être fait en utilisant la fonction de transfert du filtre de signal $H_0(z)$ et du filtre de rétroaction $H_1(z)$.

ANNEXE C

Figure C.1:
Structure générale d'un modulateur ΣΔ mono-étage.

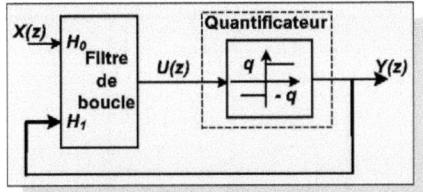

Dans ce qui suit les configurations CIFB, CIFF, CRFB et CRFF sont décrites pour l'implémentation du filtre de boucle de la figure C.1.

C.2 Architecture CIFB

L'architecture montrée dans la figure C.2 contient une cascade des intégrateurs en rétroaction multiple ainsi qu'un couplage d'entrées distribuées (CIFB). Elle contient une cascade de n intégrateurs retardé $I_{d1}(z) = z^{-1}/(1-z^{-1})$, avec le signal de retour ainsi que le signal d'entrée étant connecté à chaque intégrateur avec de différents facteurs de pondération a_i et b_i. La fonction de transfert du filtre de signal H_0 est désormais donnée par (C.3).

$$H_0(z) = \sum_{i=1}^{N+1} \frac{b_i}{(z-1)^{N+1-i}} = \frac{b_1 + b_2(z-1) + \ldots + b_N(z-1)^N}{(z-1)^N} \quad (C.3)$$

alors que la fonction de transfert du filtre de retour H_1 est donné selon (C.4).

$$H_1(z) = \sum_{i=1}^{N} \frac{-a_i}{(z-1)^{N+1-i}} = \frac{a_1 + a_2(z-1) + \ldots + a_N(z-1)^{N-1}}{(z-1)^N} \quad (C.4)$$

où $a_1, b_1 > 0$. En utilisant (C.1) la fonction NTF pour l'architecture est donnée selon (C.5).

$$NTF(z) = \frac{1}{1 - H_1(z)} = \frac{(z-1)^N}{D(z)} \quad (C.5)$$

avec

$$D(z) = a_1 + a_2(z-1) + \ldots + a_N(z-1)^{N-1} + (z-1)^N \quad (C.6)$$

Ainsi, tous les zéros de la fonction NTF de cette structure doivent se situer à $z = 1$ (DC). Notons que la condition de réalisabilité $NTF(\infty) = 1$ est satisfaite par la fonction $NTF(z)$, comme c'est exigé pour une structure physique.

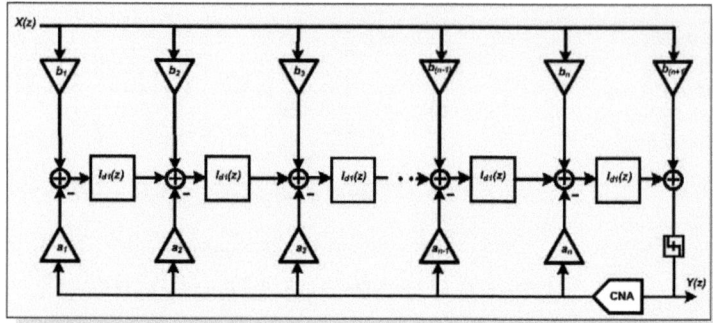

FIGURE C.2 :
Structure CIFB d'un modulateur ΣΔ passe-bas d'ordre n.

Les facteurs de pondération a_i peuvent être utilisé pour introduire des pôles non nuls dans la fonction NTF, et aussi pour déterminer les zéros de $H_1(z)$. Les a_i peuvent être trouvée en comparant $D(z)$ au dénominateur de la fonction NTF désiré, et en égalant les coefficients de puissances de z (ou de préférence de $(z-1)$).

La fonction STF est donnée dans (C.7) en utilisant (C.1).

$$STF(z) = \frac{H_0(z)}{1 - H_1(z)} = \frac{b_1 + b_2(z-1) + ... + b_N(z-1)^N}{D(z)} \qquad (C.7)$$

où $D(z)$ est donné en (C.6). Cela indique que les b_i déterminent les zéros de la fonction STF, et les a_i ces pôles. Comme discuté précédemment, les bi peuvent être trouvées en correspondant les coefficients avec le numérateur de la fonction STF spécifié. Les fonctions STF et NTF partagent alors les pôles.

Il est généralement nécessaire de choisir des valeurs non nulles pour tous les a_i afin de réaliser les pôles prescrits approprié au fonctionnement stable. Il y a une certaine latitude, toutefois, en choisissant les zéros de la fonction STF, et donc les b_i. Pour simplifier l'architecture, tous les b_i, sauf b_1 peuvent être choisie nuls. Alors, tous les zéros de la fonction STF à l'infini sont dans le plan z, et la fonction de transfert du signal est déterminée par $b_1/D(z)$. Dans ce cas, la fonction STF est plate.

Un autre choix intéressant est $a_i = b_i$ pour tous $i \le N$ et $b_{N+1} = 1$. Alors en utilisant (C.7) la fonction STF est exactement 1.

Un inconvénient de cette architecture est que les sorties des intégrateurs contiennent des quantités importantes du signal d'entrée ainsi que le bruit de quantification filtrée. Ce fait peut être considéré en tenant compte de ce qui se passe quand un signal DC est appliqué à l'entrée. Étant donné que chaque intégrateur a un gain infini à DC, la somme des deux voies d'entrée dans chaque intégrateur doit être égale à zéro pour éviter l'apparition de toute composante continue à l'entrée de l'intégrateur. Un de ces voies est le signal de retour mono-bit multiplié par le coefficient de rétroaction. L'autre voie d'entrée de l'intégrateur est la sortie de l'intégrateur précédent dans la boucle. La sortie de l'intégrateur précédent doit donc contenir une composante continue pour neutraliser les pondérées de rétroaction mono-bit.

C.3 Architecture CRFB

Comme indiqué par l'équation (C.5), l'architecture de la figure C.2 ne réalise que des zéros à DC ($z = 1$) de la fonction NTF. De meilleures performances en termes du SNR peuvent être obtenues si les zéros sont placés à des fréquences non nuls du cercle unité. Ceci exige la modification de l'architecture CIFB comme indiqué dans la figure C.3. L'intégrateur $I_{d2}(z)$ est un non-retardé, $I_{d2}(z) = 1/(1- z^{-1})$. L'architecture comme montré permet de réalisé n zéros de la fonction NTF comme deux paires complexe conjugué dans la cercle unité. Le deuxième et le troisième intégrateur, ensemble avec le coefficient de réaction g_1, constituent un résonateur avec deux pôles complexes qui sont les zéros de $z^2 -(2-g_1)z+1$. Ces pôles sont dans le cercle unité aux fréquences $\pm\omega_1$ qui satisfont $cos\omega_1 = 1 - g_1/2$. De même, le $(n-1)^{ième}$ et le $n^{ième}$ intégrateur, avec le coefficient de réaction $g_{(n-1)/2}$, constituent un résonateur donnant lieu aux pôles à $\pm\omega_{(n-1)/2}$ telle que $cos\omega_{(n-1)/2} = 1 - g_{(n-1)/2}/2$. Pour le cas usuel lorsque le pôle normalisé $\omega_i \ll 1$, $\omega_i \approx \sqrt{g_i}$ est une bonne approximation. Cette configuration est appelé cascade des résonateurs en rétroaction multiple (CRFB).

Un des intégrateurs dans chaque résonateur doit avoir un retard pour s'assurer que les pôles restent dans le cercle unité. Les fonctions de transfert des résonateurs peuvent être facilement trouvées. Pour le premier résonateur, la fonction de transfert de Y à U_2 est donnée par (C.8).

$$R_1(z) = \left.\frac{U_2(z)}{Y(z)}\right|_{X(z)=0} = \frac{a_1 z + a_2(z-1)}{z^2 -(2-g_1)z+1} \qquad (C.8)$$

Figure C.3 :
Structure CRFB d'un modulateur ΣΔ passe-bas d'ordre n.

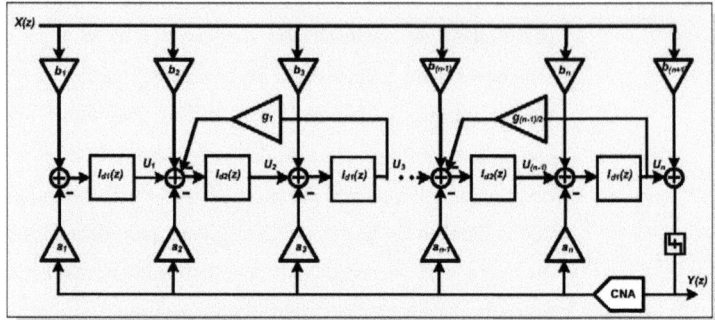

Lors de la conception de l'architecture CRFB, les valeurs de g_i peuvent être déterminées à partir des ω_i. Le reste des paramètres (les a_i et les b_i) peuvent êtres trouvées en calculant en premier $H_0(z)$ et $H_1(z)$ à partir des fonctions NTF et STF spécifiés, après en terme des a_i, b_i et g_i à partir de l'architecture, et en associant les mêmes puissances de z.

L'expression de la fonction de transfert $H_1(z)$ de la configuration CRFB est donnée par l'équation (C.9).

$$H_{1CRFB}(z) = -\left(\sum_{i\,odd}^{n} \frac{a_i(z-1)}{z\prod_{j=1}^{\frac{n-i}{2}+1}(z^2-(2+g_j)z+1)} + \sum_{i\,even}^{n} \frac{a_i}{\prod_{j=1}^{\frac{n-i+1}{2}}(z^2-(2+g_j)z+1)} \right) \quad (C.9)$$

La fonction de transfert $H_0(z)$ pour l'architecture CRFB est le négatif de $H_1(z)$ données dans (C.10), avec les b_i remplaçant les a_i dans l'expression, et le b_{n+1} ajouté comme terme constant.

$$H_{0CRFB}(z) - \sum_{i\,odd}^{n} \frac{b_i(z-1)}{z\prod_{j=1}^{\frac{n-i}{2}+1}(z^2-(2+g_j)z+1)} + \sum_{i\,even}^{n} \frac{b_i}{\prod_{j=1}^{\frac{n-i+1}{2}}(z^2-(2+g_j)z+1)} + b_{n+1} \quad (C.10)$$

C.4 Architecture CIFF

Les fonctions de transfert $H_0(z)$ et $H_1(z)$ discuté dans le paragraphe C.1 peuvent être également réalisé en utilisant la rétroaction anticipative, au lieu de la rétroaction multiple, pour créer les zéros de la fonction NTF. Une architecture construite avec une cascade des intégrateurs en rétroaction anticipative (CIFF) est montrée dans la figure C.4. La fonction de transfert $H_1(z)$ est donnée selon (C.11).

$$H_1(z) = a_1 I_1(z) + a_2 I_1(z)^2 + \ldots + a_N I_1(z)^n \qquad (C.11)$$

De même, la fonction de transfert $H_0(z)$ est donnée selon (C.12).

$$\begin{aligned}H_0(z) = &b_1(a_1 I + a_2 I^2 + \ldots + a_N I^n) + b_2(a_2 I + \ldots + a_N I^{n-1}) \\ &+ b_3(a_3 I + \ldots + a_N I^{n-2}) + \ldots + b_{N+1}\end{aligned} \qquad (C.12)$$

Si nous considérons le cas où $b_2 = b_3 = \ldots = b_N = 0$ et $b_1 = b_{n+1} = 1$. Alors, de (C.11) et (C.12), $H_0(z) = 1 - H_1(z)$, et de (C.2) il résulte que $STF(z) = 1$.

Comme le montre l'équation (C.12), tous les pôles de $H_1(z)$ sont à DC ($z = 1$) pour l'architecture CIFF. De même alors, pour tous les zéros de la fonction NTF. Pour obtenir des zéros optimisés pour la fonction NTF, des résonateurs doivent être crée par rétroaction interne.

C.5 Architecture CRFF

En ajoutant un terme à réaction négative autour d'une paire d'intégrateurs dans le filtre de boucle, comme le montre la figure C.5, il est possible de déplacer les pôles en boucle ouverte (qui deviennent les zéros de la fonction NTF lorsque la boucle est fermée) en dehors de la fréquence DC dans le cercle unité. Ceci déplace les fréquences de la boucle de gain infinie (et donc d'atténuation du bruit infinie) de DC aux fréquences positives finies. L'équation pour une

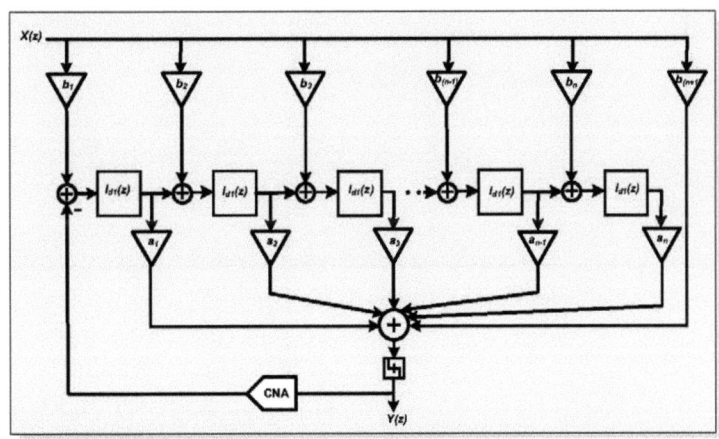

FIGURE C.4 : Structure CIFF d'un modulateur ΣΔ passe-bas d'ordre n.

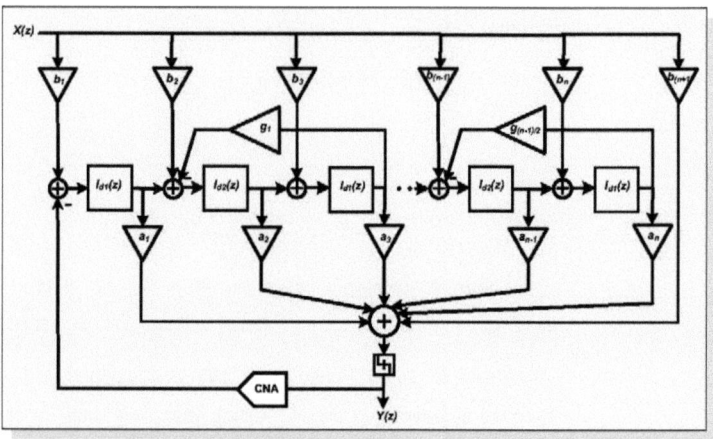

FIGURE C.5 : Structure CRFF d'un modulateur ΣΔ passe-bas d'ordre n.

paire d'intégrateurs avec rétroaction est donnée selon (C.13).

$$R(z) = \frac{z}{z^2 - (2 - g_1)z + 1} \quad (C.13)$$

Les pôles ont un rayon de 1 et une fréquence ω donnée par (C.14).

$$w_i = a\cos(1 - \frac{g_i}{2}) \approx \sqrt{g_i} \text{ pour } g_i \ll 1 \quad (C.14)$$

Les équations (C.13) et (C.14) ont été calculées en supposant que l'un des intégrateurs a un retard d'un échantillon, tandis que l'autre non, comme le montre la figure C.5.

L'expression de la fonction de transfert $H_I(z)$ de la configuration CRFF est donnée par l'équation (C.15).

$$H_{ICRFF}(z) = \sum_{i\,odd}^{n} \frac{a_i z^{\frac{i-1}{2}}}{(z-1)\prod_{j=1}^{\frac{i-1}{2}}(z^2 - (2+g_j)z+1)} + \sum_{i\,even}^{n} \frac{a_i z^{\frac{i}{2}}}{\prod_{j=1}^{\frac{i}{2}}(z^2 - (2+g_j)z+1)} \quad (C.15)$$

L'expression de la fonction de transfert $H_0(z)$ de la configuration CRFF est donnée par l'équation (C.16).

$$H_{0CRFF}(z) = \sum_{i\,odd}^{n} \frac{b_i z^{\frac{i-1}{2}}}{(z-1)\prod_{j=1}^{\frac{i-1}{2}}(z^2 - (2+g_j)z+1)} + \sum_{i\,even}^{n} \frac{b_i z^{\frac{i}{2}}}{\prod_{j=1}^{\frac{i}{2}}(z^2 - (2+g_j)z+1)} \quad (C.16)$$

REFERENCES

[1] J. Mitola, "Software Radios Survey, Critical Evaluation and Future Directions," *IEEE National Telesystems Conference*, Washington, DC, May 19-20, 1992.

[2] SDR Forum, http://www.sdrforum.org/.

[3] R. H. Walden, "Performance Trends for Analog-to-Digital Converters," *IEEE Communication Magazine*, pp. 96–101, February 1999.

[4] R. H.Walden, "Analog-to-digital converter survey and analysis," *IEEE Journal on Selected Areas in Communications*, vol. 17, no. 4, pp. 539–550, April 1999.

[5] H. Tsurumi and Y. Suzuki, "Broadband RF Stage Architecture for Software-Defined Radio in Handheld Terminal Applications," *IEEE Communications Magazine*, vol. 37, no. 2, pp. 90-95, February 1999.

[6] B. Razavi, "RF Microelectronics," *Prentice-Hall*, 1998, ISBN 0-13-887571-5.

[7] D.Jakonis, K.Folkesson, J.Dabrowski, P.Eriksson and C.Svensson, "A 2.4 GHz RF Sampling Receiver Front-End in 0.18-µm CMOS," *IEEE Journal of Solid-State Circuits*, vol. 40, no.6, pp.1265-1277, June 2005.

[8] D.H. Shen, C-M. Hwang, B.B. Lusignan, and B.A. Wooley, "A 900-MHz RF Front-End with Integrated Discrete-Time Filtering," *IEEE Journal of Solid-State Circuits*, vol. 31, no. 12, pp.1945-1954, December 1996.

[9] R.B. Staszewski, K. Muhammad, K.J. Maggio, D. Leipold, "Direct Radio Frequency (RF) Sampling with Recursive Filtering Method," *US PATENT* 2003/0035499 A1, February 2003.

[10] B. Razavi, "Principles of Data Conversion System Design," *IEEE Press*, NY, 1995, ISBN 0-87942-285-8.

[11] A. Latiri, L. Joet, P. Desgreys, and P. Loumeau, "A reconfigurable rf sampling receiver for multistandard applications," *Comptes Rendus Physique, Elsevier*, vol. 7, no. 7, pp. 785–793, September 2006.

[12] R. Ramzan, S. Andersson, J. Dabrowski, C. Svensson, "Multiband RF-Sampling Receiver Front-End with On-Chip Testability in 0.13um CMOS," *Journal of Analog Integrated Circuits and Signal Processing*, DOI 10.1007/s10470-009-9286-x, February 2009.

[13] A. A. Abidi, "RF CMOS comes of age," *IEEE Journal of Solid-State Circuits*, vol. 39, no. 4, pp. 549-561, 2004.

[14] R. Magoon et al., "A single-chip quad-band (850/900/1800/1900 MHz) direct conversion GSM/GPRS RF transceiver with integrated VCOs and fractional-N synthesizer," *IEEE Journal of Solid-State Circuits*, vol. 37, no. 12, pp. 1710–1720, December 2002.

[15] K. Kivekas, A. Parssinen, and K. Halonen, "Characterization of IIP2 and DC-offset in transconductance mixers," *IEEE Transaction on Circuits and Systems II, Analog and Digital Signal Processing*, vol. 48, no. 11, pp. 1028–1038, November 2001.

[16] E. Gotz *et al.*, "A quad-band low power single-chip direct conversion CMOS transceiver with ΣΔ-modulation loop for GSM," *in Proceedings of European Solid-State Circuits Conference*, pp. 217–220, September 2003.

[17] B. Razavi, "Design Considerations for Direct-Conversion Receivers," *IEEE Transaction Circuits and Systems* II, vol. 44, no. 6, pp. 428–35, June 1997.

[18] A. A. Abidi, "Direct-Conversion Radio Transceivers for Digital Communications," *IEEE Journal of Solid-State Circuits*, vol. 30, no. 12, pp. 1399–1410, December 1995.

[19] M. Steyaert, J. Janssens, B. De Muer, M. Borremans, and N. Itoh, "A 2-V CMOS cellular transceiver frontend," *IEEE Journal of Solid-State Circuits*, vol. 35, no. 12, pp. 1895–1907, December 2000.

[20] E. Duvivier et al., "A fully integrated zero-IF transceiver for GSM–GPRS quad-band application," *IEEE Journal of Solid-State Circuits*, vol. 38, no. 12, pp. 2249–2257, December 2003.

[21] AM116—Triple-band GaAs integrated circuit (IC) antenna switch module, Skyworks Inc., Woburn, MA, 2003. [Online]. Available: http://www.skyworksinc. Com

[22] 2x2 antenna switch GaAs MMIC, part NJG1544HC3, New Japan Radio Company, Tokyo, Japan, 2003. [Online]. Available: www.chipdocs.com/manufacturers/NJRC.html

[23] M. Brandolini et al., "Toward Multistandard Mobile Terminals— Fully Integrated Receivers Requirements and Architectures," *IEEE Transactions on microwave theory and techniques*, vol. 53, no. 3, pp. 1026-1038, March 2005.

[24] J. Rogin, I. Koucev, G. Brenna, D. Tschopp, and Q. Huang, "A 1.5 V 45 mW direct conversion WCDMA receiver IC in 0.13 m CMOS," *IEEE Journal of Solid-State Circuits*, vol. 38, no. 12, pp. 2239–2248, December 2003.

[25] D. Brunel, C. Caron, C. Cordier, and E. Soudée, "A highly integrated 0.25 m BiCMOS chipset for 3G UMTS/WCDMA handset RF subsystem," *IEEE Radio Frequency Integrated Circuits Symposium*, pp. 191–194, June – 2002.

[26] P. Zhang et al., "A direct conversion CMOS transceiver for IEEE 802.11a wireless LANs," *International Solid-State Circuits Conference*, vol. 1, pp. 354–498, February – 2003.

[27] W. Kluge, L. Dathe, R. Jaehne, S. Ehrenreich, and D. Eggert, "A.2.4 GHz CMOS transceiver for 802.11b wireless LANs," *International Solid-State Circuits Conference*, vol. 1, pp. 360–361, February 2003.

[28] **N. Jouida**, C. Rebai, A. Ghazel and D. Dallet, "Continuous-Time Complex Bandpass $\Delta\Sigma$ modulator: Key component for highly digitized receiver," *IEEE International Conference on Electronics, Circuits, and Systems (IEEE ICECS'06)*, pp. 962–965, Nice – France, December 10–13, 2006.

[29] C. Rebai, S. Bourbia, and **N. Jouida**, "Multistandard digital channel selection using decimation filtering for $\Delta\Sigma$ modulator," *IEEE International Conference on Design and Technology of Integrated Systems in Nanoscale Era (IEEEDTIS'08)*, pp. 1–5, Tozeur – Tunisia, March 25–27, 2008.

[30] **N. Jouida**, C. Rebai, A. Ghazel and D. Dallet, "Built-in filtering for out-of-channel interferers in continuous-Time Quadrature Bandpass delta-sigma modulators," *IEEE International Conference on Electronics, Circuits, and Systems (IEEEICECS'07)*, pp. 947–950, Marrakech – Maroc, December 11–14, 2007.

[31] **N. Jouida**, C. Rebai, A. Ghazel and D. Dallet, "Comparative study between Continuous-Time Real and Quadrature Bandpass delta sigma modulator for multistandard radio receiver," *IEEE Instrumentation and Measurement Technology Conference (IEEEIMTC'07)*, pp. 1–6, Warsaw – Poland, May 1–3, 2007.

[32] **N. Jouida**, C. Rebai, A. Ghazel and D. Dallet, "Top-down design process for continuous-time delta sigma modulators," *IEEE International Conference on Design and Technology of Integrated Systems in Nanoscale Era (IEEEDTIS'08)*, pp. 1–5, Tozeur – Tunisia, March 25–27, 2008.

[33] Adiseno, M. Ismail, and H. Olsson, "A wide-band RF front-end for multi-band multi-standard high-linearity low-IF wireless receivers," IEEE Journal of Solid-State Circuits, vol. 37, pp. 1162-1168, 2002.

[34] V. K. Dao, Q. D. Bui and C. S. Park, "A multi-band 900MHz/1.8GHz /5.2GHz LNA for reconfigurable radio," *IEEE Radio Frequency Integrated Circuits Symposium*, pp. 69–72, June – 2007.

[35] A. Koukab, Y. Lei and M. J. Declercq, "A GSM-GPRS/UMTS FDD-TDD/WLAN 802.11a-b-g multistandard carrier generation system," *IEEE Journal of Solid-State Circuits*, vol. 41, no. 7, pp. 1513–1521, July –2006.

[36] A. Abeda, M. Ben-Romdhane and C. Rebai, "High Order Single-bit Delta Sigma Modulator for Fractional-N Frequency Synthesis in Multi-Standard Transceiver," *IEEE International Conference on Signals, Circuits and Systems (IEEESCS'08)*, Hammamet – Tunisia, November 7–9, 2008.

[37] M. T. Terrovitis and R. G. Meyer, "Intermodulation distortion in current commutating CMOS mixers," *IEEE Journal of Solid-State Circuits*, vol. 35, no. 10, pp. 1461–1473, October 2000.

[38] "Digital cellular telecommunications system (Phase 2+), Radio transmission and reception," GSM 05.05 v. 5.9.0, rel. 1996, pr ETS 300 910, July 1998, draft.

[39] UMTS. UE. Radio Transmission and Reception (FDD), 3GPP TS 25.101, Version 5.2.0 Release 5. ETSI, 2002.

[40] Specification of the Bluetooth System, Version 1.1, February 2001.

[41] H. Darabi et al., "A 2.4-GHz CMOS transceiver for Bluetooth," *IEEE Journal of Solid-State Circuits*, vol. 36, no. 12, pp. 2016–2024, December 2001.

[42] Da-Rong Huang, Shiau-Wen Kao, and Yi-Hsin Pang, "A WiMAX Receiver with Variable Bandwidth of 2.5– 20 MHz and 93 dB Dynamic Gain Range in 0.13-μm CMOS Process," *IEEE Radio Frequency Integrated Circuits Symposium*, May 2007.

[43] P. Mak, U. Seng, and R. Martins, "Analog-Baseband Architectures and Circuits for Multistandard and Low-Voltage Wireless Transceivers," *Springer*, 2007, ISBN 978-1402064326.

[44] W. Kester, "The Data Conversion Handbook," *Newnes*, 2004, ISBN 978-0750678414.

[45] J. Reed, "Software Radio: A Modern Approach to Radio Engineering," *Prentice Hall PTR*, 2002, ISBN 978-0130811585.

[46] C. Toumazou, G. Moschytz, and B. Gilbert, "Trade-Offs in Analog Circuit Design," *Springer*, 2004, ISBN 978-1402080463.

[47] C.C.Cutler, "Transmission system employing quantization," *U.S. Patent* No. 2, pp. 927-962, March 8, 1960 (filed 1954).

[48] S.R. Norsworthy, R. Schreier, G.C. Temes, "Delta-sigma data converters - Theory, design, and simulation," *IEEE Press*, New York, 1997, ISBN: 978-0-7803-1045-2.

[49] Inose, H., Y. Yasuda, and J. Murakami, "A telemetering system by code modulation Δ-Σ modulation," *IRE Transactions Space Electronics and Telemetry*, vol. SET-8, pp. 204-209, September 1962.

[50] F. Jager, "Delta modulation - a method of PCM transmission using the one unit code," *Philips Research Report*, vol. 7, pp. 442-466, 1952.

[51] J. C. Candy, "A use of double integration in sigma delta modulation," *IEEE Transactions Communications*, pp. 249–258, March 1985.

[52] R. Shreier, G.C. Temes, "Understanding Delta-Sigma Data Converters," *IEEE Press*, New Jersey 2004, ISBN: 978-0-471-46585-0.

[53] R. Schreier, "An empirical study of high-order single-bit delta-sigma modulators," *IEEE Transactions Circuits System II*, pp. 461–466, August 1993.

[54] R. Adams, "Design and implementation of an audio 18-bit analog-to-digital converter using oversampling techniques," *Journal Audio Engineering Society*, pp. 153–166, March/April 1986.

[55] M. W. Hauser and R. W. Brodersen, "Circuit and technology considerations for MOS delta-sigma A/D converters," *International Symposium Circuit System*, pp. 1310–1315, 1986.

[56] P. Benabes, A. Gauthier, and R. Kielbasa, "A multistage closed-loop sigma-delta modulator (MSCL)", *Analog Integrated Circuits and Signal Processing*, pp. 195-204, November 1996.

[57] L. E. Larson, T. Cataltepe, and G. C. Temes, "Multibit oversampled Σ–Δ A/D convertor with digital error correction," *Electronics Letters*, pages 1051–1052, August 1988.

[58] J. C. Candy and G. C. Temes, "Oversampling Delta-Sigma Data Converters," *IEEE Press*, New York, 1991, ISBN-10: 0879422858.

[59] J. Silva, U.K. Moon, and G.C. Temes, "Low-Distortion Delta-Sigma Topologies for Mash Architectures," *IEEE International Symposium on Circuits and Systems*, pp. 1144-1147, 2004.

[60] R. T. Baird and T. S. Fiez, "Linearity enhancement of multibit $\Delta\Sigma$ A/D and D/A converters using data weighted averaging," *IEEE Transactions Circuits Systems II*, pages 753–762, December 1995.

[61] J. Nedved, J. Vanneuville, D. Gevaert, and J. Sevenhans, "A transistor-only switched current sigma-delta A/D converter for a CMOS speech codec," *IEEE Journal Solid-State Circuits*, pp. 819–822, July 1995.

[62] J. F. Jensen, G. Raghavan, A. E. Cosand, and R. H. Walden, "A 3.2-GHz second-order delta-sigma modulator implemented in InP HBT

technology," *IEEE Journal Solid-State Circuits*, pages 1119–1127, October 1995.

[63] J. A. Cherry and W. M. Snelgrove, "Continuous-Time Delta-Sigma Modulators for High-Speed A/D Conversion: Theory, Practice and Fundamental Performance Limits," *Kluwer Academic Publishers*, Boston, 2000, ISBN: 978-0-7923-8625-4.

[64] R. Gregorian and G. C, "Temes. Analog MOS Integrated Circuits for Signal Processing," *John Wiley & Sons*, New York, 1986, ISBN: 0471097977.

[65] O. Shoaei, "Continuous-Time Delta-Sigma A/D Converters for High Speed Applications," *PhD thesis*, Carleton University, Canada, 1995.

[66] N. Wongkomet, "A Comparison of Continuous-Time and Discrete-Time Sigma-Delta Modulators," *Master thesis*, California University, USA.

[67] P. Benabes, P. Aldebert, A. Yahia, and R. Kielbasa, " Influence of the feedback DAC delay on continuous-time band-pass Sigma-Delta converter," *Electronic Letters*, pp. 292–293, February 2000.

[68] W. Gao, O. Shoaei, and W. M. Snelgrove, "Excess loop delay effects in continuous-time delta-sigma modulators and the compensation solution," *IEEE International Symposium on Circuits and Systems*, pages 65–68, 1997.

[69] F. Gerfers, M. Ortmanns, "Continuous-Time Sigma-Delta A/D Conversion: Fundamentals, Performance Limits and Robust Implementations," *Springer*, December 2005, ISBN: 978-3-540-28406-2.

[70] J. A. Cherry and W. M. Snelgrove, "Clock jitter and quantizer metastability in continuous-time delta–sigma modulators," IEEE *Transactions Circuits Systems II*, pages 661–676, June 1999.

[71] L. Breems, and J.H. Huijsing, "Continuous-Time Sigma-Delta Modulation for A/D Conversion in Radio Receivers," *Kluwer Academic Publisher*, Boston, 2001, ISBN: 0792374924.

[72] K. Martin, "Complex signal processing is not complex," *IEEE Transactions Circuits Systems I*, vol. 51, no. 9, pp. 1823–1826, Sep. 2004.

[73] A. Sedra, W. Snelgrove, and R. Allen, "Complex analog bandpass filters designed by linearly shifting real low-pass prototypes," *Proceeding International Symposium Circuits and Systems*, vol. 3, 1985, pp. 1223–1226.

[74] S. A. Jantzi, W. M. Snelgrove, and P. F. Ferguson, "A fourth-order bandpass sigma-delta modulator," *IEEE Journal Solid-State Circuits*, vol. 28, pp. 282–291, Mars 1993.

[75] O. Shoaei and W. M. Snelgrove, "Optimal (Bandpass) Continuous-Time Sigma-Delta Modulator," *International Symposium Circuits and Systems*, 5, pp. 489-492, May 1994.

[76] **N. Jouida**, C. Rebai, D. Dallet, A. Ghazel, "Comparative Study between Continuous-Time Real and Quadrature Bandpass Delta Sigma Modulator for Multistandard Radio Receiver," *IEEE Instrumentation and Measurement Technology Conference (IEEE IMTC)*, Warsaw, Poland, May 2007.

[77] V. F. Dias, "Complex-signal sigma-delta modulators for quadrature bandpass A/D conversion," *Microelectronic Journal*, vol. 27, no. 6, pp. 505–524, September 1996.

[78] S. A. Jantzi, K. Martin, and A. S. Sedra, "Quadrature bandpass $\Delta\Sigma$ modulation for digital radio," *IEEE Journal of Solid-State Circuits*, vol. 32, pp. 1935–1949, December 1997.

[79] S. Jantzi, K. Martin, and A. S. Sedra, "The effects of mismatch in complex bandpass $\Delta\Sigma$ modulators," *IEEE International Symposium Circuits and Systems*, pp. 227–230, May 1996.

[80] **N. Jouida**, C. Rebai, A. Ghazel, and D. Dallet, "Design Strategy for High-Order Continuous-Time $\Delta\Sigma$ Modulator for Multistandard Receiver," *IEEE International Conference on Electronics Circuits and Systems (IEEEICECS05)*, Gammarth, Tunisia, pp. 92-93, 11-14 December 2005.

[81] G. Ushaw and S. Mclaughlin, "On the stability and configuration of sigma delta modulators", *Proceeding of the IEEE International Symposium on Circuits and Systems (ISCAS'94)*, Vol. 5, pp. 349-352, 1994.

[82] R. Baird and T. Fiez, "Stability analysis of high-order delta-sigma modulation for ADC's", *IEEE Transactions on Circuits and Systems*, Vol. 41, pp. 59-62, January 1994.

[83] P. Benabes, M. Keramat, and R. Kielbasa, "Synthesis and Analysis of Sigma–Delta Modulators Employing Continuous–Time Filters," *Analog Integrated Circuits and Signal Processing*, vol. 23, no. 2, pp. 141–152, May 2000.

[84] R. Schreier and B. Zhang, "Delta-Sigma modulators employing continuous-time circuitry," *IEEE Transactions Circuit and Systems I: Fundamental Theory and Applications*, vol. 43, pp. 324-332, 1996.

[85] H. Aboushady and M. Louerat, "Systematic Approach for DT to CT Transformation of $\Delta\Sigma$ Modulators", *The IEEE International Symposium on Circuits and Systems (ISCAS'02)*, Phoenix – Arizona – USA, May 26-29, 2002.

[86] J. A. E. P. van Engelen, R. J. van de Plassche, E. Stikvoort, and A. G. Venes, "A sixth-order continuous-time bandpass sigma-delta modulator for digital radio IF," *IEEE Journal of Solid-State Circuits*, vol. 34, no. 12, pp. 1753–1764, December 1999.

[87] L. Louis, J. Abcarius, and G. W. Roberts, "An eight-order bandpass $\Delta\Sigma$ modulator for A/D conversion in digital radio," *IEEE Journal of Solid-State Circuits*, vol. 34, no. 4, pp. 423–431, April 1999.

[88] K. Philips, "A 4.4 mW 76 dB complex $\Sigma\Delta$ ADC for bluetooth receivers," *IEEE International Solid-State Circuits Conference*, February 2003, pp. 64–65.

[89] F. Henkel, U. Langmann, A. Hanke, S. Heinen, and E. Wagner, "A 1-MHz-bandwidth second-order continuous-time quadrature bandpass sigma-delta modulator for low-IF radio receivers," *IEEE Journal Solid-State Circuits*, vol. 37, pp. 1628–1635, December 2002.

[90] R. Schreier, N. Abaskharoun, and H. Shibata, "A 375mW Quadrature Bandpass Sigma-Delta ADC with 90dB DR and 8.5MHz BW at 44MHz," *Digest of Tech Papers IEEE International Solid-State Circuits Conference*, vol. 1, pp. 64–65, Feb. 2006.

[91] O. Shoaei and W. M. Snelgrove, "Design and Implementation of a Tunable 40 MHz-70MHz Gm-C Bandpass Delta-Sigma Modulator,"

IEEE Transaction Circuits and System, vol. 44, no. 2, pp. 521-530, July 1997.

[92] S. Reekmans, J. De Maeyer, P. Rombouts, and L. Weyten, "Improved design method for continuous-time quadrature bandpass ΣΔ ADCs," *IEE Electronics Letters*, vol. 41, pp. 461–463, April 2005.

[93] **N. Jouida**, C. Rebai, A. Ghazel, and D. Dallet, "The Image-Reject Continuous-Time Quadrature Bandpass Delta Sigma Modulator," *International Workshop on ADC Modelling And Testing (IWADC)*, Florence, Italie, 22-24 September 2008.

[94] T. Murayama, Y. Gendai, "A top-down mixed-signal design methodology using a mixed-signal simulator and analog HDL," Proceedings EURO-DAC '96, *The European Design Automation Conference and Exhibition*, pp. 59-64, 1996.

[95] F. Medeiro, B. Perez-Verdli, and A. Rodriguez-Vizquez, "Top-Down Design of High-Performance Sigma-Delta Modulators," *Kluwer Academic Publishers*, 1999, ISBN: 978-0-7923-8352-9.

[96] H. Chang, E. Charbon, U. Choudhury, A. Demir, E. Felt, E. Liu, E. Malavasi, A. Sangiovanni-Vincentelli, I. Vassiliou, "A Top-Down, Constraint-Driven Design Methodology for Analog Integrated Circuits," *Kluwer Academic Publishers*, 1997, ISBN: 0792397940.

[97] E. Chou and B. Sheu, "Nanometer mixed-signal system-on-a-chip design," *IEEE Circuits and Devices Magazine*, vol. 18, no. 4, pp. 7-17, July 2002.

[98] N. Chandra and G. Roberts, "Top-down analog design methodology using Matlab and simulink," *IEEE International Symposium on Circuits and Systems (ISCAS)*, vol .5, pp. 319–322, May 2001.

[99] K.Kundert, "Principles of Top-Down Mixed Signal Design," *The Designers Guide Community, www.designers-guide.org*, February 2003.

[100] G. G. E. Gielen, "Modeling and analysis techniques for system-level architectural design of telecom front-ends," *IEEE Transactions on Microwave Theory and Techniques*, vol. 50, no. 1, part 2, pp. 360-368, January 2002.

[101] G. G. E. Gielen, "System-level design tools for RF communication ICs," *URSI International Symposium on Signals Systems and Electronics (ISSSE '98)*, pp. 422-426, 1998.

[102] Verilog-AMS Language Reference Manual: Analog & Mixed-Signal Extensions to Verilog HDL, version 2.1. Accellera, January 20, 2003. Available from www.accellera.com.

[103] IEEE Definitions of Analog and Mixed-Signal Extensions to IEEE Standard VHDL. IEEE Standard 1076.1-1999.

[104] P.J.Ashenden, G.D.Peterson, D.A Teegarden, "The Designer's Guide to VHDL-AMS," *Morgan Kaufmann Publishers*, 2003, ISBN: 9781558607491.

[105] J. E. Franca, "Integrated circuit teaching through top-down design," *IEEE Transactions on Education*, vol. 37, no. 4, pp. 351-357, November 1994.

[106] K. Kundert, H. Chang, D. Jefferies, G. Lamant, E. Malavasi, and F. Sendig, "Design of mixed-signal systems-on-a-chip," *IEEE Transactions on Computer-Aided Design of Integrated Circuits and Systems*, vol. 19, no. 12, pp. 1561-1571, December 2000.

[107] **N. Jouida**, Ch. Rebai, A. Ghazel, and D. Dallet, "Mixed-Signal Design Methodology for Continuous-Time Quadrature Bandpass $\Delta\Sigma$ Modulator," *IEEE International Conference on Microelectronics (ICM'2009)*, Marrakech, Morroco, 19-22 December 2009.

[108] **N. Jouida**, Ch. Rebai, A. Ghazel, and D. Dallet, "VHDL-AMS Modeling of Continuous-Time Complex Bandpass Delta Sigma Modulator", *International Workshop on ADC Modelling And Testing (IWDAC'2007)*, Iasi, Romania, 19-21 September 2007.

[109] W. Gao, O. Shoaei, and W. M. Snelgrove, "Excess loop delay effects in continuous-time delta-sigma modulators and the compensation solution," *IEEE International Symposium on Circuits and Systems*, pp. 65–68, 1997.

[110] J. A. Cherry and W. M. Snelgrove, "Clock jitter and quantizer metastability in continuous-time delta–sigma modulators," *IEEE Transaction Circuits Systems II*, pages 661–676, June 1999.

[111] G. E. P. Box and M.E. Muller, "A note on the generation of random normal deviates," *Annuals of Mathematical Statistics*, vol. 29, pp. 610–611, 1958.

[112] **N. Jouida**, Ch. Rebai, A. Ghazel, and D. Dallet, "VHDL-AMS Modeling of Non-idealites Effects in Continuous-Time Quadrature Bandpass ΔΣ Modulator," *IEEE International Conference on Signals, Circuits and Systems (SCS'2009)*, Djerba, Tunisie, 06-08 November 2009.

[113] D.J, Allstot, "A Precision Variable-Supply CMOS Comparator," *IEEE Journal of Solid State Circuits*, Vol.17, No. 6, pp. 100-1087, December 1982.

[114] R. Gregorian, Introduction to CMOS OP-AMPS and Comparators, *Wiley and Sons*, New York, NY, 1999, ISBN 0-471-31778-0.

[115] P.E. Allen, D.R. Holberg, Allen, CMOS Analog Circuit Design, *Oxford University Press*, USA 2002, ISBN: 0-19511644-5.

[116] R.J. Baker, H.W. Li, and D.E. Boyce, CMOS Circuit Design, Layout, and Simulation, *IEEE Press*, Piscataway 1998, ISBN 978-0-470-22941-5.

[117] Boser and Wooley,"The Design of Sigma-Delta Modulation Analog to Digital Converters", IEEE Journal of Solide-State Circuits, Vol. 23, No.6, pp 1298-1308, Dec 1988.

Oui, je veux morebooks!

i want morebooks!

Buy your books fast and straightforward online - at one of world's fastest growing online book stores! Environmentally sound due to Print-on-Demand technologies.

Buy your books online at
www.get-morebooks.com

Achetez vos livres en ligne, vite et bien, sur l'une des librairies en ligne les plus performantes au monde!
En protégeant nos ressources et notre environnement grâce à l'impression à la demande.

La librairie en ligne pour acheter plus vite
www.morebooks.fr

VDM Verlagsservicegesellschaft mbH
Heinrich-Böcking-Str. 6-8   Telefon: +49 681 3720 174   info@vdm-vsg.de
D - 66121 Saarbrücken   Telefax: +49 681 3720 1749   www.vdm-vsg.de

Printed by Books on Demand GmbH, Norderstedt / Germany